中国地质大学(武汉)秭归产学研基地野外实践教学系列教材

秭归产学研基地野外实践教学教程

——水资源与环境分册

马传明　周建伟　编著

内容提要

本书分三篇编写。第一篇为水资源与环境类专业三峡实习的教学实施方案;第二篇为实习区背景,全面地阐述了水文与环境类专业实习区——三峡秭归县的自然地理与社会经济发展概况、地质概况、水文地质条件、主要地质环境问题等;第三篇为水资源与环境类专业三峡实习的具体教学内容。

本书体系合理、内容充实、深入浅出、实用性强,可供高等院校水文与水资源工程、地下水科学与工程、环境工程(地质方向)等相关专业的师生在三峡(秭归)地区开展专业实习时使用和参考。

图书在版编目(CIP)数据

秭归产学研基地野外实践教学教程——水资源与环境分册/马传明,周建伟编著.—武汉:中国地质大学出版社,2014.6

ISBN 978-7-5625-3454-9

Ⅰ.①秭…
Ⅱ.①马…②周…
Ⅲ.①水文地质-实习-高等学校-教材②环境地质学-实习-高等学校-教材
Ⅳ.①P622②P642

中国版本图书馆 CIP 数据核字(2014)第 118035 号

秭归产学研基地野外实践教学教程——水资源与环境分册　　马传明　周建伟　**编著**

责任编辑:舒立霞　　责任校对:戴　莹

出版发行:中国地质大学出版社(武汉市洪山区鲁磨路 388 号)　　邮编:430074
电　　话:(027)67883511　　传　　真:(027)67883580　　E-mail:cbb @ cug. edu. cn
经　　销:全国新华书店　　Http://www. cugp. cug. edu. cn

开本:787 毫米×1 092 毫米　1/16　　字数:295 千字　印张:10.25　图版:20
版次:2014 年 6 月第 1 版　　印次:2014 年 6 月第 1 次印刷
印刷:武汉市籍缘印刷厂　　印数:1—1 000 册

ISBN 978-7-5625-3454-9　　定价:30.00 元

前　言

中国地质大学(武汉)水资源与环境类专业三峡实习是本类专业学生在完成专业基础课程和大部分专业课程、北戴河地质认知实习和周口店地质教学实习的基础上,在大学三年级第二学期末进行的为期5周的综合性专业实习;同时,也是本类专业学生开展后继专业理论课程学习、生产实习、毕业设计(论文)撰写的实践基础。

随着高等学校教学改革的不断深入,实践教学显得越来越重要。因此,为了适应新时期教学改革的要求,尽快编写一本理论与实践相结合、实用性强、能满足专业实习教学要求的水资源与环境类专业三峡实习指导书是十分必要的。我们以三峡(秭归)实习区内专业实习资源为教学内容,编写了这本专业实习指导书,以供水资源与环境类专业的师生开展专业实习时使用和参考。

本书按5周实习内容编写,共分三篇十一章:第一篇为专业实习教学方案,第二篇为专业实习区背景,第三篇为专业实习教学内容。

本书第一章由马传明、周建伟编写;第二章至第五章由马传明编写;第六章至第八章由马传明、周建伟编写;第九章至第十一章由马传明编写。全书由马传明统编定稿,硕士研究生徐攀和本科生张长城、和泽康、张晶晶等参加了资料收集、文字整理、文稿校对和图件清绘等工作。

在本书编写过程中,得到了中国地质大学(武汉)教务处和环境学院的大力支持,在此表示诚挚的谢意。

编者对所有为本书审订、修改、编辑和出版付出了辛勤劳动的同志们致以衷心的感谢。

由于本书所涉及的内容相当广泛,尽管我们从事水资源与环境类专业实践教学工作多年,但仍感到编写水平有限,书中难免有不当、不足,甚至错误之处,敬请广大读者批评、指正,以便使本书再版时能得到进一步提高和完善。

编　著

2014年2月12日

目　录

第一篇　专业实习教学方案

第一章　专业实习教学方案 …… (3)
第一节　实习目的 …… (3)
第二节　教学过程安排 …… (3)
第三节　师资力量配备 …… (4)
第四节　教学组织与实施 …… (5)
第五节　教学管理 …… (6)
一、对教师的要求 …… (6)
二、对学生的要求 …… (6)

第二篇　专业实习区背景

第二章　自然地理与社会经济发展概况 …… (11)
第一节　自然地理 …… (11)
一、位置范围 …… (11)
二、地形地貌 …… (11)
三、气象水文 …… (15)
四、自然资源 …… (17)
第二节　社会经济发展 …… (22)
一、社会发展概况 …… (22)
二、经济发展概况 …… (22)
第三节　人类活动特征 …… (23)
一、农林经济活动 …… (23)
二、工程建设活动 …… (23)
第三章　地质条件 …… (24)
第一节　地层岩性 …… (24)
一、崆岭群 …… (24)
二、南华系 …… (24)
三、震旦系 …… (27)

四、寒武系……(27)
五、奥陶系……(28)
六、志留系……(30)
七、泥盆系……(31)
八、石炭系……(32)
九、二叠系……(32)
十、三叠系……(33)
十一、侏罗系……(35)
十二、白垩系……(36)
十三、第四系……(37)
第二节 岩浆岩……(37)
一、侵入岩……(37)
二、脉岩……(39)
第三节 变质岩……(39)
一、区域变质岩……(39)
二、混合岩……(40)
三、其他岩石……(40)
第四节 地质构造……(41)
一、地质构造背景……(41)
二、地质构造特征……(41)
第五节 新构造运动与地震……(45)
一、新构造运动……(45)
二、地震……(45)
第四章 水文地质条件……(46)
第一节 地下水的赋存条件……(46)
一、含水岩层(组)……(46)
二、相对隔水岩层(组)……(47)
第二节 地下水的赋存类型……(47)
一、松散岩类孔隙水……(47)
二、碎屑岩类孔隙裂隙水……(47)
三、结晶岩类裂隙水……(48)
四、碳酸盐岩类裂隙岩溶水……(49)
第三节 地下水的补径排条件……(51)
一、地下水的补给……(52)
二、地下水的径流……(52)
三、地下水的排泄……(52)
第五章 主要地质环境问题……(53)
第一节 缓变性地质环境问题……(53)

一、水土流失…………………………………………………………………………………………(53)
二、水土污染…………………………………………………………………………………………(56)
第二节　急变性地质环境问题 ………………………………………………………………………(58)
一、水库诱发地震……………………………………………………………………………………(58)
二、地质灾害…………………………………………………………………………………………(60)

第三篇　专业实习教学内容

第六章　准备阶段教学内容 ……………………………………………………………………(73)
第一节　组织准备 ……………………………………………………………………………………(73)
第二节　物质准备 ……………………………………………………………………………………(73)
一、实习和学习用品…………………………………………………………………………………(73)
二、生活用品…………………………………………………………………………………………(73)
第三节　业务准备 ……………………………………………………………………………………(73)
一、教师备课…………………………………………………………………………………………(73)
二、学生预习…………………………………………………………………………………………(74)
三、室内准备…………………………………………………………………………………………(74)
四、野外踏勘…………………………………………………………………………………………(74)
第七章　基础地质路线阶段教学内容……………………………………………………………(77)
第一节　教学目的 ……………………………………………………………………………………(77)
第二节　教学内容 ……………………………………………………………………………………(77)
教学路线一　泗溪黄陵岩体—震旦系地层及其岩性调查 ………………………………………(77)
教学路线二　兰陵溪-肖家湾黄陵岩体—寒武系地层及其岩性调查……………………………(79)
教学路线三　肖家湾-郭家坝寒武系—志留系地层及其岩性调查………………………………(84)
教学路线四　肖家湾-九畹溪口-周坪地质构造调查 ………………………………………………(87)
教学路线五　客运码头岩体风化现象调查 …………………………………………………………(89)
教学路线六　泗溪河流地貌和沉积物调查 …………………………………………………………(91)
第三节　教学方法 ……………………………………………………………………………………(92)
第四节　教学要求 ……………………………………………………………………………………(92)
第八章　水环地质路线阶段教学内容……………………………………………………………(93)
第一节　教学目的 ……………………………………………………………………………………(93)
第二节　教学内容 ……………………………………………………………………………………(93)
教学路线七　凤凰山裂隙水调查 ……………………………………………………………………(93)
教学路线八　泗溪岩溶水调查 ………………………………………………………………………(94)
教学路线九　长岭地区水的开发利用调查 …………………………………………………………(96)
教学路线十　张家冲小流域水土流失与水土保持调查……………………………………………(100)
教学路线十一　高家溪岩溶地质与棺材山危岩体调查……………………………………………(102)
教学路线十二　链子崖危岩体和新滩滑坡调查……………………………………………………(106)

教学路线十三　金缸城卫生垃圾填埋场环境地质调查……………………… (113)
教学路线十四　月亮包金矿环境地质调查……………………………………… (116)
教学路线十五　三峡水库枢纽工程环境地质调查……………………………… (118)
教学路线十六　现场简易试验……………………………………………………… (122)
第三节　教学方法…………………………………………………………………… (123)
第四节　教学要求…………………………………………………………………… (124)
第九章　专题阶段教学内容 ……………………………………………………… (125)
第一节　教学目的…………………………………………………………………… (125)
第二节　教学内容…………………………………………………………………… (125)
专题一　茅坪溪流域(孔隙水区)水文地质调查与评价……………………… (125)
专题二　高家溪上游雾道河地区岩溶水文地质调查与评价………………… (126)
专题三　实习区孔隙水、裂隙水、岩溶水化学特征分析与评价…………… (127)
专题四　泗溪—茅坪河水化学特征分析与评价……………………………… (127)
专题五　张家冲水土流失与水土保持调查及评价…………………………… (128)
专题六　长岭地区水的开发利用及其环境效应调查与评价………………… (128)
专题七　泗溪水库工程的地质环境安全与调查评价………………………… (129)
专题八　叉角溪小流域环境地质调查与评价………………………………… (130)
专题九　郭家坝地区地质灾害调查与区划…………………………………… (130)
第三节　教学方法…………………………………………………………………… (131)
第四节　教学要求…………………………………………………………………… (131)
第十章　整理阶段教学内容 ……………………………………………………… (132)
第一节　教学目的…………………………………………………………………… (132)
第二节　教学内容…………………………………………………………………… (132)
第三节　教学方法…………………………………………………………………… (132)
第四节　教学要求…………………………………………………………………… (132)
第十一章　总结阶段教学内容……………………………………………………… (134)
第一节　成果汇报…………………………………………………………………… (134)
第二节　成绩评定…………………………………………………………………… (134)
第三节　教学总结…………………………………………………………………… (135)
主要参考文献……………………………………………………………………… (136)
附　表 ……………………………………………………………………………… (137)
图版及其说明……………………………………………………………………… (157)

第一篇

专业实习教学方案

第一章　专业实习教学方案

第一节　实习目的

中国地质大学(武汉)水资源与环境类专业三峡实习是地下水科学与工程、水文与水资源工程、环境工程等水资源与环境类专业的学生在完成专业基础课程和部分专业课程、北戴河地质认知实习和周口店地质教学实习的基础上，于大学三年级第二学期末在中国地质大学(武汉)秭归产学研基地(以下简称"基地")周边5～50km范围实习区内进行的为期5周的综合性专业实习。其目的在于培养学生：

(1)掌握常规的水文地质和环境地质野外调查工作所具备的基本知识、基本技能和基本方法，同时巩固与加深对本专业理论知识的理解和掌握。

(2)形成独立地发现问题、提出问题、分析问题、解决问题的专业思维能力。

(3)形成利用专业知识解决实际问题的独立工作能力。

(4)形成初步的专业科研创新能力。

(5)形成适应野外工作环境的生活能力和工作能力。

(6)进一步领会"艰苦朴素、求真务实"的校训和吃苦耐劳、艰苦奋斗、团结合作的工作精神及实事求是、科学严谨、开拓创新的工作态度。

第二节　教学过程安排

按照水资源与环境类专业三峡实习课程教学大纲要求，考虑实习区的交通状况和安全问题，并根据基地的客观实际(后勤保障能力)情况，基于实习区的实习教学资源，选择确定了具体的教学内容。

根据多年来水资源与环境类专业三峡实习的教学经验并遵循新的专业实习教学大纲要求，依据三峡实习的目的和由简到繁、循序渐进的认知规律，以培养学生专业能力为教学目标，分层次设置了不同实习阶段的教学内容，把三峡实习按5周计划分为5个阶段开展教学活动(表1-1)。

三峡实习教学过程的安排，注重学生综合素质和专业能力的培养。每一项实习内容，都以培养和提高学生的专业能力为准绳(表1-2)。

表 1-1 三峡实习教学过程安排

实习阶段		天数(d)	实习内容
准备阶段		2	相关的组织准备
			相关的物质准备
			相关的业务准备
路线阶段	基础地质路线	7	实习区内典型地质现象调查,地层层序建立,熟悉实习区区域地质条件
	水文与环境地质路线	11	实习区内典型水文与水文地质现象调查,结合区域地质条件,熟悉实习区区域地质环境条件、水文地质条件
专题阶段		6	独立专题的野外调查
整理阶段		6	资料整理和成果分析、报告编写
总结阶段		2	实习成果汇报
		1	实习教学质量和教学效果评价

表 1-2 三峡实习教学过程中学生的能力培养

实习阶段 / 能力培养	准备阶段	路线阶段		专题阶段	整理阶段	总结阶段
		基础地质路线	水文与环境地质路线			
专业技术能力培养	√	√	√			
专业思维能力培养		√	√	√	√	
专业创新能力培养				√	√	
专业表达能力培养			√		√	√
团队协作能力培养				√	√	√
独立工作能力培养	√			√	√	√

第三节 师资力量配备

师资队伍是三峡实习教学质量的根本保证。指导教师担负着三峡实习教学任务实施和质量控制的双重责任,是保证教学质量的中坚力量,只有具备了一流的师资队伍才能够确保教学效果。

在正式开展三峡实习的前两周,由院系出面成立三峡实习队,并确定实习队人员组成:

(1)实习队长,一名,负责三峡实习的组织。

(2)学生事务教师,一名,负责三峡实习学生的纪律和安全。

(3)指导教师,按一个行政班级两名配备,负责三峡实习的教学。

师资力量的配备,须确保指导教师的质量、数量和结构能够满足三峡实习教学要求:

(1)选派理论水平高、实践教学经验丰富、教学态度认真的专业骨干教师作为实习指导教师。

(2)已连续3年参与三峡实习的教师数不少于当年参与实习教师数的1/3;首次参与三峡实习的教师数不多于当年参与实习教师数的1/3。

(3)参与三峡实习的教师,首次执行三峡实习上课必须进行试讲,试讲通过后方可独立承担实习教学任务。

(4)师资力量的配备,既要保证三峡实习的教学质量,又要保障三峡实习师资队伍的建设。

第四节　教学组织与实施

三峡实习教学目标的实现,取决于教学过程的有序组织和科学实施(表1-3)。

表1-3　三峡实习教学组织与实施

实习阶段	组织者	组织和实施形式
准备阶段	主管教学院长	按照专业培养方案及三峡实习教学大纲的规定和要求,主管教学的院系领导会同学校教务部门确定三峡实习时间和实习队组成人员,并上报教务处备案
		主管教学的院系领导组织参与实习的学生召开动员大会:介绍三峡实习的教学目的、教学目标;明确实习的组织者和实施者——实习队组成人员(实习队长、实习指导教师、学生事务教师)和参加实习学生各自的职责
	实习队长、学生事务教师	在动员大会上:实习队长介绍三峡实习的实习目的、教学内容、教学安排及需要达到的教学目标,布置实习前具体的准备工作;学生事务教师开展安全教育,强调实习规章制度和注意事项等
	实习队长	实习队长组织指导教师提前两周去实习区备课,参与实习的学生按要求做好实习前各项准备工作
路线阶段	带班教师、路线教师	以班为单位开展路线教学,带班教师跟班,路线教师负责路线内容的教学
专题阶段	专题指导教师	以小组为单位开展独立专题调查,专题指导教师指导在各独立工作区开展专题调查的小组学生
整理阶段	带班教师	以班为单位在基地教室开展资料整理和成果编制,带班教师负责指导各自所带的班级
总结阶段	实习队长、学生事务教师	由指导教师担任评委,参与实习的学生以小组为单位参加实习成果的汇报和答辩
		参与实习的师生编写教学总结

第五节　教学管理

严格的教学管理是保障三峡实习教学质量的关键。教学质量始终伴随着三峡实习的整个过程，是三峡实习各个环节、各个要素的综合反映。因此，教学管理必须始终贯彻三峡实习的整个过程。

在每次三峡实习开始前，由院系成立三峡实习队。实习队根据学校、学院、基地的相关规章制度，进行三峡实习的教学管理。

为了保证三峡实习的顺利进行，并取得良好的实习效果，在三峡实习开始前，实习队严格按照学校、学院、基地的相关规章制度对参与三峡实习的教师和学生分别做出相关要求。

一、对教师的要求

指导教师是三峡实习的组织者、指导者，他们的言行直接影响着学生的实习态度，他们自身素质的高低直接决定了三峡实习教学质量的好坏。因而，对参与三峡实习的指导教师作出如下要求：

(1)必须树立科学严谨的工作作风，具有高度的责任感和认真的教学态度。

(2)必须自觉遵守学校、学院、基地的相关规章制度，不迟到，不早退，不中途退出。

(3)必须根据三峡实习的教学目的和教学大纲的要求，提前认真备课；结合参与实习学生的实际情况，在教学过程中保证知识结构完整的前提下，有针对性地采取合理的教学手段和方法，积极指导学生开展实习。

(4)必须加强、规范三峡实习的教学过程，及时纠正学生在实习过程中的不规范行为，定期或不定期考核学生，以督促他们自觉完成三峡实习任务。

二、对学生的要求

(一)要求学生严格按照三峡实习教学要求开展实习

(1)每年三峡实习开始前，召开实习动员大会，要求学生从思想上高度重视、从行动上积极落实三峡实习的各项准备工作；要求学生明白在整个三峡实习教学过程中，自己必须完成的各个教学环节的任务及各教学环节对实习效果的影响。

(2)三峡实习过程中，要求学生严格要求自己，以严肃认真、实事求是的科学态度对待三峡实习；要求学生严格按照教学大纲和指导教师的要求，开展三峡实习。

(3)三峡实习过程中，要求学生做到“五勤”：即勤敲打，勤观察，勤测量，勤追索，勤记录。在每一个教学点上，学生必须按照指导教师的具体要求，将现场的地质、水文地质、环境地质现象与理论知识联系起来，主动观测、鉴别和描述，做好现场的文字记录、素描、拍照以及样品采集，并注意收集和积累第一手资料。

(4)三峡实习过程中，要求学生做到主动思考、积极讨论。在每一个教学点上，对观察到的地质、水文地质、环境地质现象，学生必须主动地分析并注意把前后左右与之相关的地质、水文地质、环境地质现象连贯起来思考；在现场能够与其他同学积极地开展讨论，讨论过程中，要敢于发表个人的见解（即使是不正确的），把这个过程看成是锻炼和提高自己的好机会。

（5）三峡实习过程中，要求学生发扬团结互助精神，能够主动和其他同学合作，以保证三峡实习的顺利进行，全面高质量地完成三峡实习任务。

（6）三峡实习期间，野外记录是学生编写三峡实习报告的重要依据，其完整程度和充实与否，直接影响到三峡实习报告的编写和报告质量的高低。每天野外实习工作结束返回基地后，要求学生及时整理野外记录，做到当天的记录当天整理、补充和总结，如发现问题，须及时查清或予以改正。

（二）要求学生严格遵纪守法、自觉履行考勤制度

遵守相关规章制度，是保障三峡实习顺利进行的重要基础。实习期间，参与实习的学生务必自觉严格遵守学校、学院、基地和实习队的相关各项规章制度；务必服从基地、实习队及其基地负责人、实习队长、学生事务教师、实习指导教师和实习班班长、实习组组长的安排和管理。

三峡实习期间，实行严格的考勤制度，参与实习的学生若因事离开实习工作岗位，必须履行请假手续，并按时销假。无故旷实习一天者，由实习队负责给予批评教育，令其写出书面检查；无故旷实习两天者，由实习队负责上报学院、学校，由学院、学校给予通报批评；无故旷实习三天者，实习队终止其本次实习资格，其实习成绩按不及格处理。

（三）要求学生注重身心健康、确保生命安全

野外实践教学不同于室内教学，其有如下特点：

（1）野外教学流动性大（实习路线长、实习点分布广，需要跋山涉水）。

（2）不确定因素多（诸如天气、交通工具、交通条件的不确定性等）。

（3）教学条件艰苦（风吹雨淋日晒、蚊叮虫咬等）。

（4）参与实习的学生不够熟悉实习环境。

（5）参与实习的学生自我保护经验不足。

毫无疑问，野外实践教学的特点决定了参与实习学生的身心健康、生命安全是保证三峡实习安全有序、高质量完成的最重要前提条件之一。保障三峡实习安全的关键在于以下几点。

1. 思想上高度重视

每位参与实习的学生都要从思想上高度重视自己的身心健康和生命安全，强化自身安全意识，增长自我防范知识，提高安全防范能力。

2. 行动上认真落实

1）着装

对参与实习学生的野外着装要求如下：

（1）必须穿（防滑）球鞋、长袖上衣、长裤，以防蚊叮虫咬，植物刺扎等。

（2）必须戴草帽、涂防晒霜，以遮阳防晒。

2）饮食

参与实习的学生要把预防食物中毒和疾病感染放在实习期间日常生活的重要位置：

（1）注意饮食卫生，不吃过期变质的食物，尽可能在基地食堂就餐，不要在无证经营的饮食

小摊及其他不卫生的场所就餐。

(2)在实习区野外开展实习时，不乱吃瓜果、不乱喝生水。

3)住宿

(1)服从基地宿舍管理人员的安排和管理。

(2)自觉遵守作息时间。

(3)离开宿舍时须及时关闭门窗和水电。

(4)严禁私自外出住宿和接纳陌生人住宿。

4)行路

(1)坐车时：服从基地车辆管理人员、司机和带班指导教师的安排与管理，排队上下车，严禁争抢座位，不在车上乱跑乱动。

(2)步行时：横穿马路、拐弯时注意交通红绿灯信号和过往车辆、行人等。

(3)跋山涉水时：注意防滑倒、防落水、防滚石等。

5)遵守相关安全规定

三峡实习期间，学生必须遵守基地的安全规定：

(1)严禁私带火种上山(打火机、火柴等)，严禁弃火，严禁使用违章电器，严禁使用易燃、易爆或有毒物品等。

(2)严禁下河游泳、高空攀爬等。

(3)严禁带陌生人进入实习区和实习基地。

(4)妥善保管好自身的财物。

(四)要求学生友善待人、言行文明

三峡实习期间，参与实习学生的一言一行代表了学校、学院的形象，所以务必注重自身的言谈举止，做一名讲文明、有礼貌的现代大学生：

(1)尊重实习指导教师、基地工作人员以及他们的劳动。

(2)搞好与驻地群众的关系，注重与同时在此实习的兄弟院校、兄弟院系的团结，自觉地维护实习队、学院和学校的声誉。

(五)要求学生爱护公共财产

(1)对借用的实习仪器及其他实习用品，参与实习的学生要爱惜使用、妥善保管。实习结束后，应及时归还；如有丢失或损坏，要写出书面报告，按基地教学管理规定赔偿。

(2)务必自觉爱护实习区和基地内的公共设施、私人财物，不乱敲、不乱打、不乱踩庄稼、不顺手采摘瓜果等。

第二篇

专业实习区背景

第二章　自然地理与社会经济发展概况

水资源与环境类专业三峡实习在中国地质大学(武汉)秭归产学研基地周边5～50km范围内的实习区开展。

中国地质大学(武汉)秭归产学研基地,坐落在距三峡水库大坝上游1km长江右岸秭归新县城的文教小区,生活设施齐全、居住环境优美,可同时满足1 200余名师生在此实习时的后勤保障。

实习区绝大部分位于秭归县境内。秭归县境内具有集基础地质、水文地质、环境地质、工程地质、地球化学等多学科的实践教学资源,适合多个地学专业以及相关专业的学生在此开展专业实习。

第一节　自然地理

一、位置范围

秭归县位于湖北省西部、长江西陵峡两岸(图2-1),行政区划属宜昌市管辖,为三峡大坝坝址所在区。秭归县东与夷陵区的三斗坪、太平溪、邓村交界,南同长阳土家族自治县的榔坪、贺家坪接壤,西临巴东县的信陵、平阳坝、茶店子,北接兴山县的峡口、高桥;县境东起茅坪新集镇凤凰山(新县城所在地),西止磨坪乡凉风台,南起杨林桥镇向王山,北止水田坝乡懒板凳垭;地跨东经110°18′—111°00′,北纬30°38′—31°11′;东西相距66.1km,南北相距60.6km,西端牛口距三峡大坝仅58km;版图面积2 427km^2;长江自西向东流经县境内,将县境分为南北两部分。

二、地形地貌

秭归县地处我国地势第二级阶梯向第三级阶梯的过渡地带,位于鄂西褶皱山地,为大巴山、巫山余脉和八面山耦合地带。

地貌上划为板内隆升蚀余中低山地,总体地势西南高东北低,东段为黄陵背斜,西段为秭归向斜,属长江三峡山地地貌。

(1)因其构造地块升降、长江下切及地貌剥夷作用,形成自西向东、自长江两岸分水岭至河谷的层状地貌格局,以长江为最低谷地,显示地势起伏、层峦叠嶂的宏伟景观:地形起伏,地势为四面高,中间低,呈盆地形(江北北高南低,江南南高北低),为独特的长江三峡山地地貌。

(2)县境内山脉为巫山余脉,发育有五指山、马苍山、天兴山、梨子山、凉风山、香炉山、向王

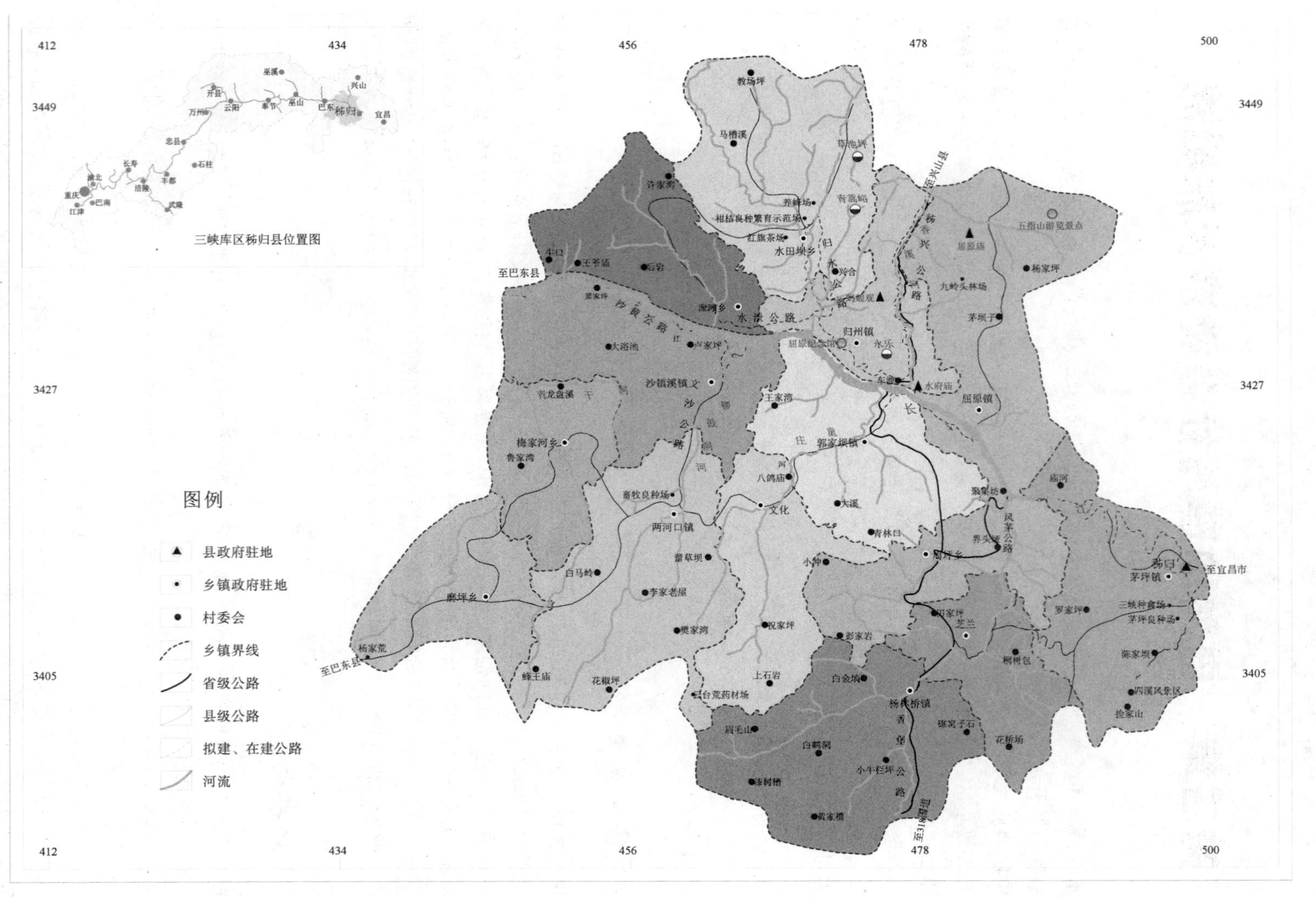

图 2－1　秭归县行政区划与位置范围图

山 7 条主要山脉，海拔 800m 以上高山有 128 座，其中 1 000m 以上有 87 座，2 000m 以上有 2 座，平均海拔高程千米以上，相对高差一般在 500～1 300m 之间；南部边境云台荒海拔 2 057m（县境内最高峰），茅坪河口海拔 40m（县境内最低点），平均海拔 800m。

（3）山脉多为南北走向，形成秭归县广大起伏的山冈丘陵和纵横交错的河谷地带。由于长江水系川流不息，地面切割较深，大片平地少，多为分散河谷阶地、槽冲小坝、梯田坡地。

秭归县境内地形坡度变化较大，河谷区、低山丘陵区和中高山剥蚀台面地形坡度较缓，一般在 15°左右，面积为 846.0km²；15°～25°区多分布于中低山区，主要分布在秭归盆地，面积 960.0km²；大于 25°的斜坡主要分布在长江峡谷区、中高山向中低山过渡地带，陡缓变化较大，多形成陡崖，为地质灾害多发区，面积为 621.0km²（图 2－2）。

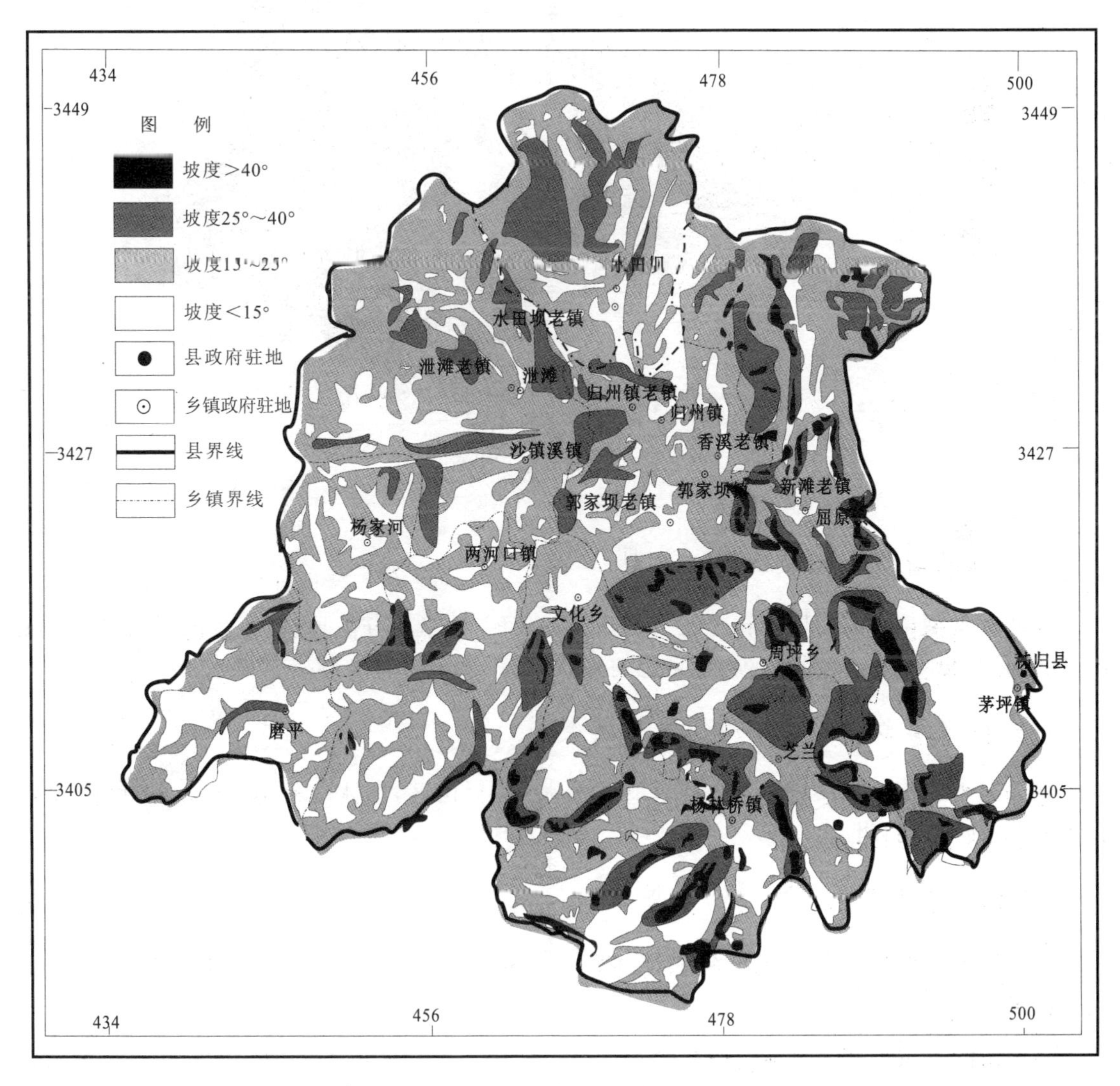

图 2－2　秭归县地形坡度分区图

秭归县境内地貌类型主要有 4 种：结晶岩组成的侵蚀构造类型，侏罗系砂页岩组成的侵蚀构造类型，古、中生界灰岩组成的侵蚀构造类型，侵蚀堆积类型（图 2－3）。现按分区简述其特征如下。

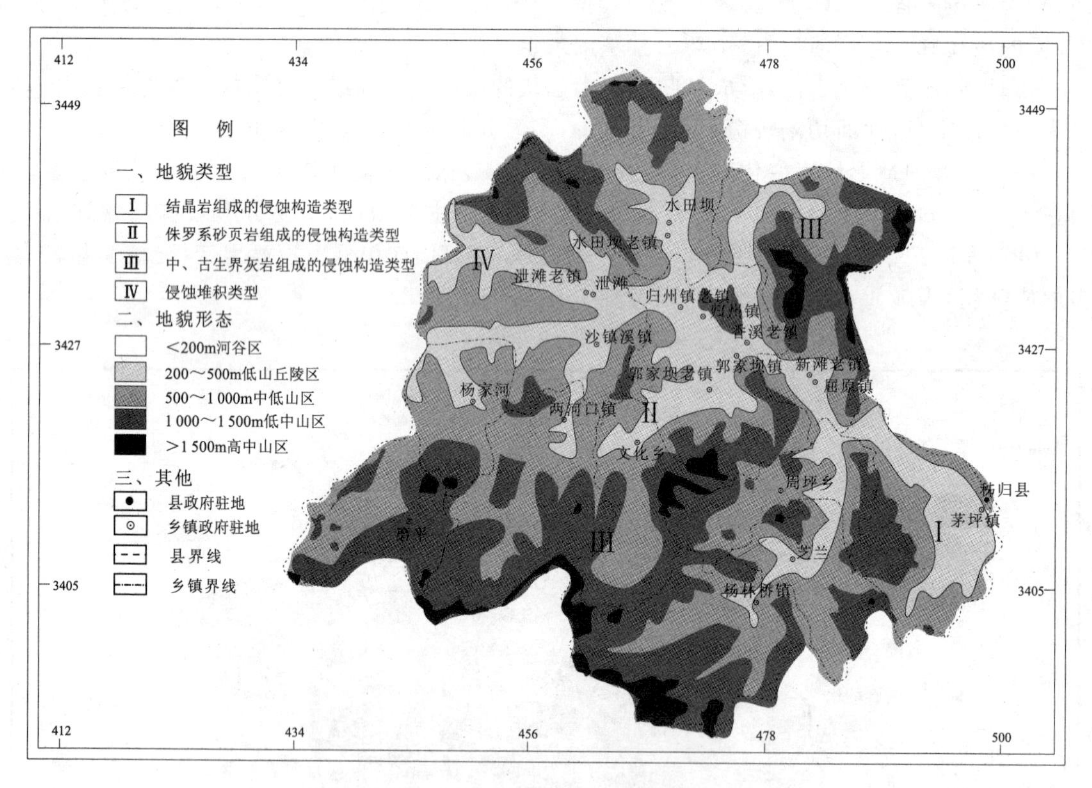

图 2-3　秭归县地貌分区图

(一)结晶岩组成的侵蚀构造类型

该构造类型位于庙河以东长江及其支流河谷地区,为低山丘陵地貌,地势低缓,高程 500m 以下,山丘平缓,多为浑圆状山顶,水系呈树枝状发育,最大的河流为茅坪河。

(二)侏罗系砂页岩组成的侵蚀构造类型

该构造类型位于香溪以上归州至水田坝一带,为低山区,山体高程为 500～1 000m,水系发育,主要河流为归州河。

(三)古、中生界灰岩组成的侵蚀构造类型

该构造类型在县境内分布广泛,其地貌形态主要为高中山、低中山、中低山三类。

1. 高中山

高中山区分布于县境南部云台荒、香炉山一带及西北部羊角尖(高程 1 749m)、东北部九岭头(高程 2 024m)和五指山(高程 1 787m)等地,山体高程大于 1 500m,相对高差大于 1 000m,剥夷面发育,山脊线清楚,多顺构造线呈北北东向延伸,河谷深切。南部绿葱坡至云台荒一带海拔高程 1 800～2 000m,构成了长江与其支流清江的分水岭,主要山峰有云台荒(高程 2 057m)、香炉山(高程 1 635m)、老观顶(高程 1 721m)、凉风台(高程 1 700m)、漆子山

（高程 1 863m）、向王山（高程 1 780m）、大金坪（高程 1 851m）。

2. 低中山

低中山区的分布与高中山区近一致，山体高程 1 000～1 500m，相对高差 500～1 000m，剥夷面发育，由灰岩、砂页岩组成的地段山脊线明显；河谷呈 V 型，水系呈树枝状，主要河流为九畹溪上游的三渡河、林家河、老林河，青干河上游的偏岩河、龟坪河等。

3. 中低山

中低山区分布于县境中部的广大地区，山体高程 500～1 000m，相对高差 200～500m；河谷多呈槽谷型，水系发育，县境内 8 条长江支流均分布于该区。

（四）侵蚀堆积类型

该堆积类型分布于县境内长江及其支流河谷区，以侵蚀为主，堆积较少；河谷呈宽谷、峡谷相间。

长江河谷在县境主要分为三段。

1. 牛口至香溪段

牛口至香溪段为西陵峡与巫峡的过渡带，中低山地貌，宽谷型，阶地发育。

2. 香溪至庙河段

香溪至庙河段属西陵峡西段，为中低山峡谷地貌，河谷深切，呈 V 型，阶地不发育，山体高程 1 000～1 500m，著名的兵书宝剑峡、牛肝马肺峡位于其间。

3. 庙河至茅坪段

庙河至茅坪段为低山丘陵，宽谷型，阶地发育。

三、气象水文

（一）气象

秭归县地处中纬度，属亚热带大陆性季风气候，温暖湿润、光照充足、雨量充沛、四季分明、初夏多雨、伏秋多旱，冬春少雨雪。

县境内山峦起伏，受峡谷地形影响，气候垂直变化明显，海拔 1 500m 以上高山区基本无炎热夏季，海拔 1 800m 以上地带，寒冷天气达 226 天。不同海拔地带气温相差较大，年平均气温在 6～18.3℃之间；县境内气温呈现中间高、南北低的趋势，极端最高气温达 42℃，极端最低气温－8.9℃，最高温多出现在 7 月，最低温出现在 1 月。最多风向与河谷走向一致，多偏南风，受地形影响，风速一般较小，年均风速 1.2m/s。年均日照 1 619.6h，夏多冬少。总体上，县境内气候分低山河谷温热区、半高山温暖区、江南南部温湿区、江北东部温凉区，分别占全县总面积的 20.9％、56.1％、16.4％、6.6％。

一般年降雨量为 950～1 590mm，长江河谷地带为 1 000mm 左右，降雨随海拔升高而增加，每升高 100m，降雨增加 35～55mm，个别地区（如高程在 1 500m 以上地区）降雨量达 1 865.2～1 903.3mm。全县多年平均降雨量分布见图 2－4、暴雨分布见图 2－5。

降雨主要集中在每年的 4—10 月，月平均降雨量 150～425.6mm，月降雨量及峰期随不同

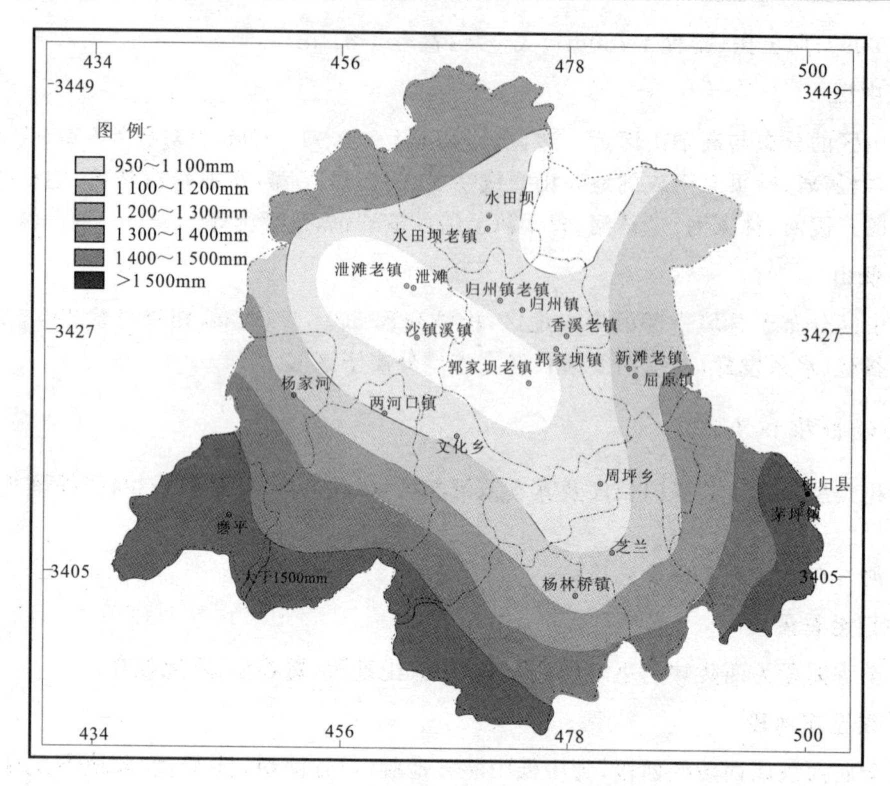

图 2-4 秭归县多年平均降雨量等值线图

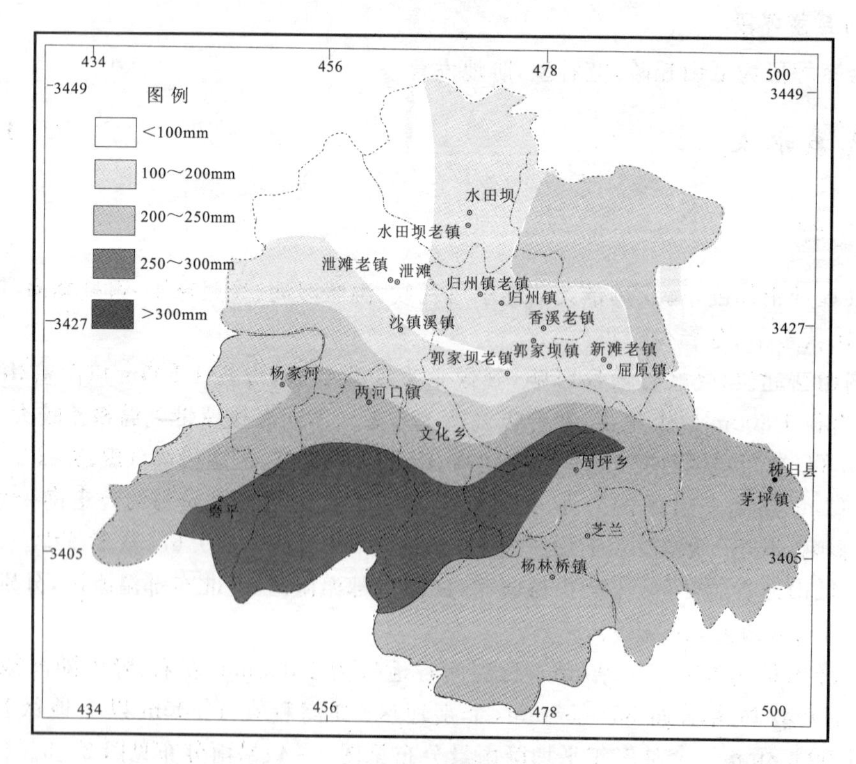

图 2-5 秭归县暴雨分布图

海拔高程而不同，月降雨日数与月降雨量分布基本一致（图 2 - 6）；大部分地区为每年降雨天数为 120～159d，个别高山地区达 200d 以上；多暴雨，日降雨量达 50～100mm 的暴雨 4—10 月均有发生；100mm 以上的暴雨主要发生在 6—7 月，年平均频次为 3～4 次；150mm 以上的特大暴雨频次较少。

年均蒸发量多于降雨量，河谷区平均蒸发量 1 428.4mm，干旱指数 1.21。8 月份蒸发量最高，平均为 214.8mm。

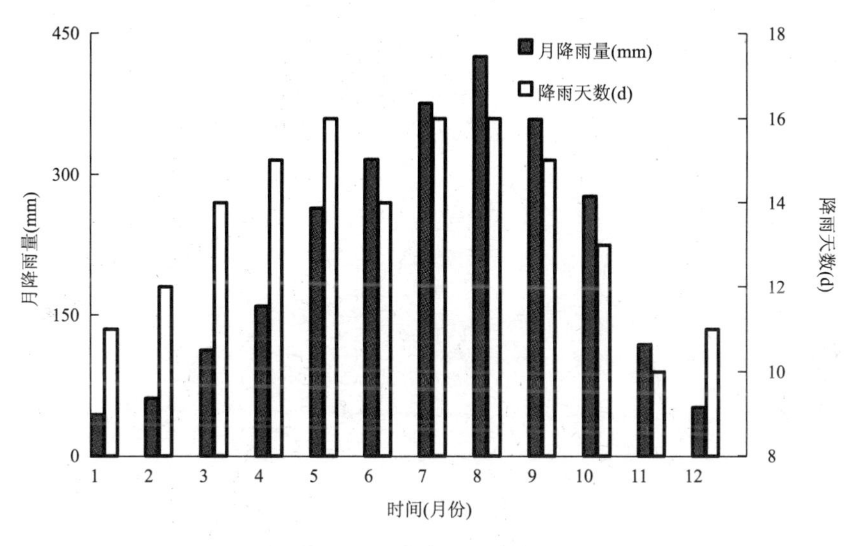

图 2 - 6　月降雨量直方图

（二）水文

秭归县境内河流水系发育。

长江从巴东县破水峡入秭归县境内，自西向东横贯全境中部，境内流长 64km，于茅坪河出县境，流域面积 723.4km^2，流量丰沛，多年平均流量 14 300m^3/s，水位变幅巨大，达 30m。

秭归县境溪流网布，135 条常流溪流汇入茅坪河、九畹溪、龙马溪、香溪河、童庄河、吒溪河、青干河及泄滩河的长江 8 条支流（图 2 - 7），呈交错排列，构成树枝状水文网，形成以长江为主干的“蜈蚣”状水系，总流长 247.8km，流域面积 1 952.5km^2，占全县总面积的 80.4%，支流特征见表 2 - 1；县境内长江最大的支流为香溪河，其次为青干河、吒溪河、九畹溪。

四、自然资源

（一）土地资源

秭归县最新土地更新调查（2012）实有国土总面积为 22.74 万 hm^2（1hm^2＝10 000m^2）。

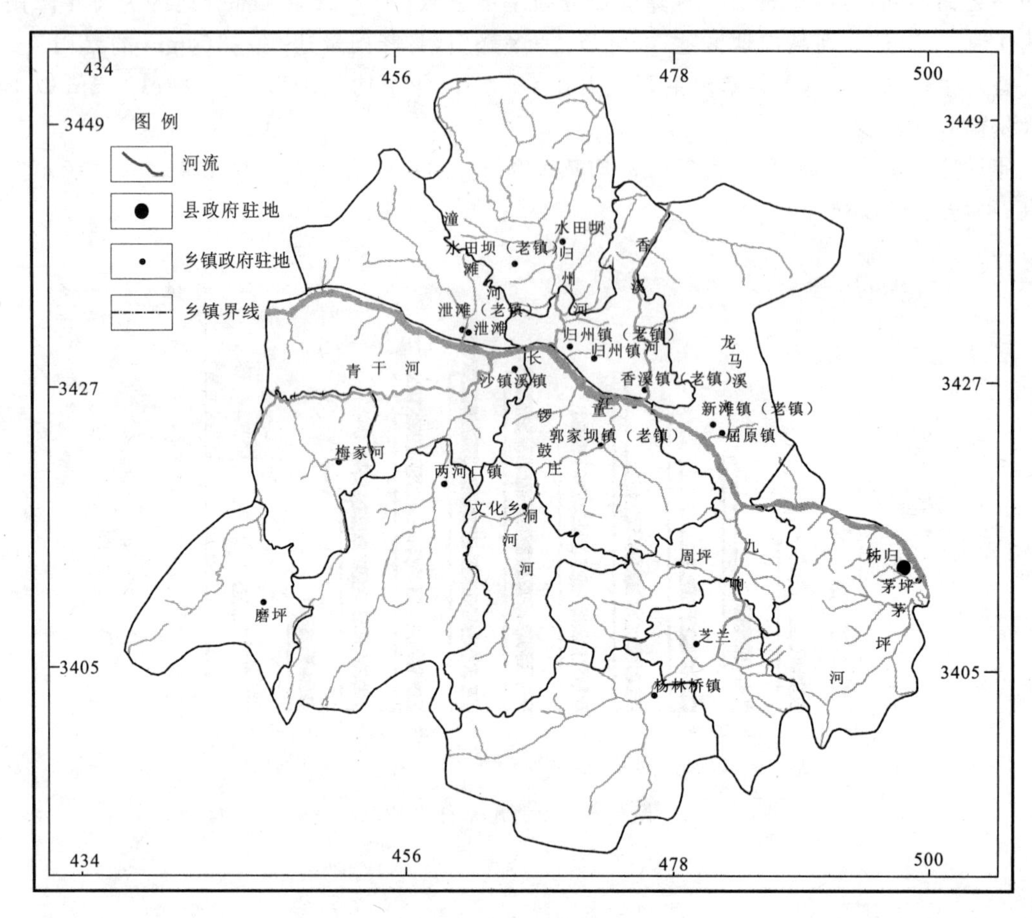

图 2-7　秭归县水系图

表 2-1　秭归县境内长江主要支流一览表

河流名称	全长(km)	流域面积(km^2)	均流量(m^3/s)	最大流量(m^3/s)	最小流量(m^3/s)	多年平均径流量($\times10^8 m^3$)	总落差(m)	平均坡降(%)	备注
茅坪河	23.9	113	2.47			0.78	277	42	位于县境内东南部，发源于长阳县牛角山的大清溪，在斜墩南流入县境内，沿途纳大溪、四溪、芭蕉溪、庙沟、三溪等支流
九畹溪	42.3	513.5	17.5	1 000	2.5	5.41	1 073	30.6	位于县境内东南部，由三渡河、林家河、老林河、九畹溪4个河段组成
龙马溪	10	509	1.11			0.35	980	98	位于县境内东北部

续表 2-1

河流名称	全长(km)	流域面积(km^2)	均流量(m^3/s)	最大流量(m^3/s)	最小流量(m^3/s)	多年平均径流量($\times10^8m^3$)	总落差(m)	平均坡降(‰)	备注
香溪河	11.1	212	47.4	3 000	14			5.12	位于县境内东北部，发源于神农架，自游家河流入境内
童庄河	36.6	248	6.36	1 000	2	2.08	1 410	22	位于县境内南部，发源于云台荒，依河段为仓坪河、平睦河、童庄河
吒溪河	52.4	193.7	8.34			2.63	1 205	13.5	位于县境内北部，依河段为南阳河、凉台河、袁水河
青干河	53.9	532.34	19.06	2 350	1.8	6.01	873	10.9	发源于巴东绿葱坡，由西南向东北流经两河口、沙镇溪镇，沿途汇纳磨坪乡龟坪河、梅家河乡梅家河、两河口镇锣鼓洞河3条支流
泄滩河	17.6	88	1.93			0.61	1 120	63	位于县境内西北部

秭归县土地类型具有3个显著特点：一是土地资源类型多样，呈零星分布(图2-8)；二是丘陵山区面积大，土地利用类型以林业用地为主(表2-2)；三是耕地质量较差，后备资源缺乏，三峡水库淹没耕地、园地近3.25万亩(1亩≈666.6m^2)。

表2-2 秭归县土地类型(2012)

土地类型	面积(万hm^2)	所占比例(%)	备注
耕地	2.95	12.97	其中常用耕地面积2.31万hm^2(水田0.31万hm^2，旱地2.00万hm^2)
园地	2.42	10.64	主要为柑橘园
林地	14.87	65.39	
牧草地	0.06	0.26	
建设用地	1.02	4.49	主要为城镇建设用地、交通建设用地、独立工矿用地
荒地	0.31	1.37	
水域面积	1.11	4.88	
合计	22.74	100	

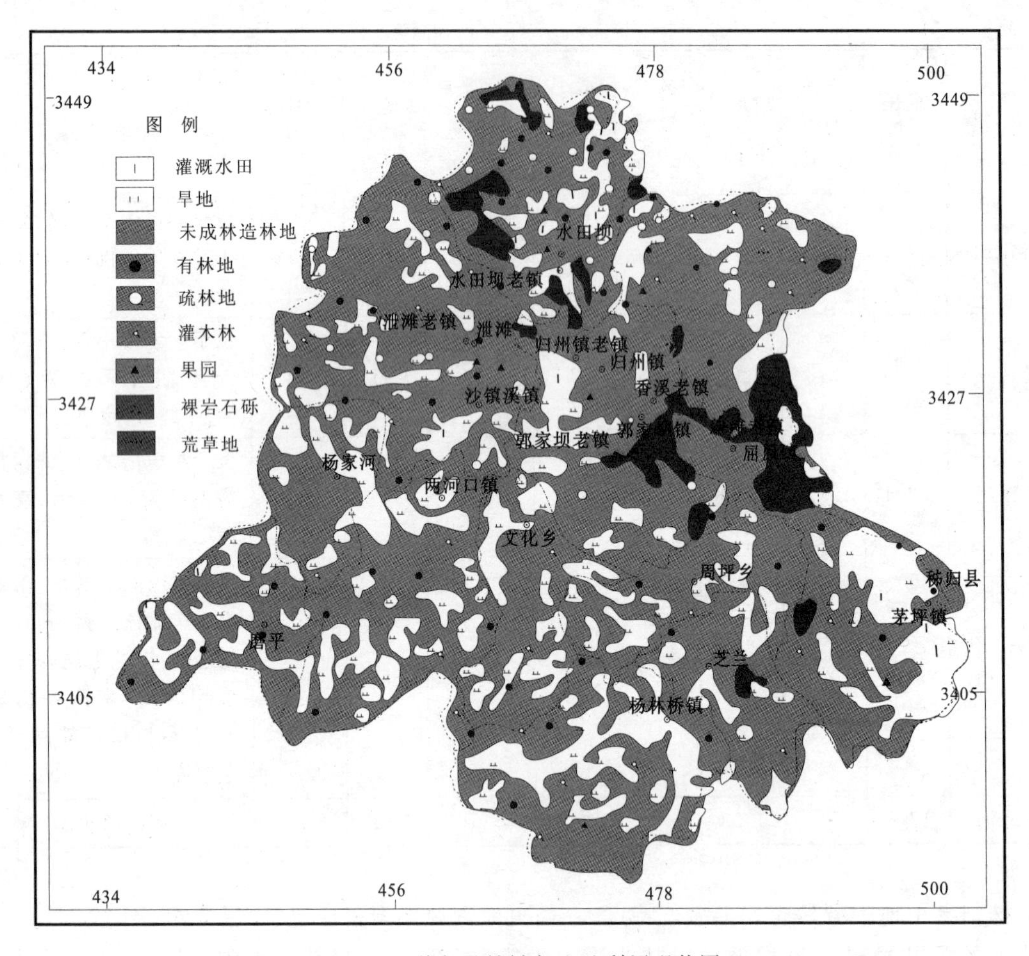

图 2-8 秭归县植被与土地利用现状图

(二)矿产资源

秭归县境内,矿产资源种类繁多,共发现矿种 20 多种,已经探明有一定储量的矿种达 10 余种、矿床(点)达 50 个,其中金属矿有金、银、铜、铅、铁、锰、锌等;非金属矿有硅石、石灰石、重晶石、大理石、石英石等;能源矿有煤、石煤、地热等。

秭归县是国家黄金和煤炭生产重点县。

(三)水资源和水力资源

秭归县境内河流水系发达,水资源丰富。自 2003 年三峡水库开始蓄水后,长江秭归段形成河道型水库,青干河、童庄河、九畹溪、龙马溪、香溪河、吒溪河、泄滩河下游至长江口段形成水平汊河,历史上俗称的“八山半水一分半田”变为“八山一水一分田”。全县年平均径流量 18.37 亿 m^3,地下水蕴藏量 4.89 亿 m^3。

秭归县水力资源亦十分丰富,水能蕴藏量 17.77 万 kW,可开发量 6.06 万 kW。在两河口、杨村桥、磨坪等碳酸盐岩地区,有较多的岩溶泉,流量 $0.1m^3/s$ 以上的有 37 处,其中黄龙洞、天生桥等地的泉水已用于水力发电,其余用于农业灌溉或生活用水。

秭归县是国家农村水电中级电气化建设试点县。

（四）生物资源

秭归县境内动物资源有野生动物4纲、19目、52科、126种。其中属国家二级野生保护动物16种，省级野生保护动物42种，县级野生保护动物16种。

秭归县位于我国中亚热带北部，受亚热带季风气候的影响，地带性植被以常绿的阔叶林为主，但经数千年的垦殖，植被已发生了巨大变化，现在广泛分布的是松林、杉木林、柏木林、柑橘、油桐等林木以及各种灌丛和草；农作物主要有玉米、水稻、小麦、红薯、油菜籽、芝麻、花生等；农特资源丰富多样，盛产柑橘、茶叶、烤烟、板栗、魔芋等，其中脐橙、锦橙、桃叶橙、夏橙被誉为"峡橙四秀"，尤以脐橙独享盛名。

（五）旅游资源

秭归县旅游资源十分丰富，集名人、名峡、名坝、名湖为一体，熔自然山水、巴楚文化、现代文明于一炉，具有世界级的品牌优势、垄断性的资源优势和极独特的区位优势，是长江三峡的旅游精品。

1. 自然景观优美峻秀

天下闻名的西陵峡雄奇隽秀，震古撼今；举世向往的高峡平湖大气磅礴，幽静淡雅；昭君出塞的香溪河水流潺潺，香飘万里；风景秀丽的童庄河岛屿林立，橘林环抱；布满裂纹的链子崖居高览胜，令人神往；生态古朴的泗溪风景区层峦叠翠，碧波荡漾，清秀幽深，被誉为"天然氧吧"；幽静奇特的九畹溪漂流惊险刺激，令人心旷神怡，其乐无穷，被誉为"三峡第一漂"；雪域草场朱棋荒景区是南方冬季赏雪、滑草最理想的场所，被誉为"南方哈尔滨"；与三峡大坝相距仅800m的木鱼岛，三面环水，延绵江心，构成一幅美妙的"湖岛图"，是一个绝好的以水上娱乐为主的旅游休闲度假区。

2. 人文景观瑰丽多彩

秭归县历史悠久，人杰地灵，是世界四大文化名人之一屈原（伟大的爱国诗人）和中国古代四大美人之一王昭君（民族和睦的使者）的故乡，是楚文化的发祥地、巴楚文化的交会地，文化底蕴十分深厚。

毗邻三峡大坝、紧靠秭归县城的凤凰山"屈原文化村"风景区，有屈原祠、屈原牌坊、新滩古民居、峡江石刻、峡江古桥、"兵书"悬棺、"牛肝"绝景等24处文物集中复建于此，是中国最大的文物复建区，是观三峡大坝、览高峡平湖、探寻历史文化遗迹的首选地；秭归的移民文化和柑橘文化浓厚，一座座的移民新村和移民新城独具匠心，特色鲜明，堪称峡江上的一颗颗璀璨的明珠；一片片绿色橘林令人赏心悦目，心旷神怡，堪称大自然的神笔之作；神秘传奇的屈原诞生地乐平里，融丰厚的屈原文化、奇异的峡谷山水、清新的田园风光、淳朴的楚风民俗于一体，至今保存着大量关于屈原的遗迹遗址，有屈原庙、乐平里牌坊、读书洞、玉米田、照面井、响鼓岩等。

此外，县境内还有三国、晋、宋的古城遗址、道教圣地五指山等许多文化遗址。

人文景观与自然景观交相辉映，显示出深厚与博大的魅力。

3. 民俗风情淳朴浓郁

秭归县地处楚文化圈和巴文化圈的交会处。巴楚情韵迷古今，生长在这片雄奇美丽大自然怀抱里的秭归人，形成了敦尚古风、讲究礼仪的民风、民俗，如赛龙舟、吃粽子、喝雄黄酒、挂菖蒲、峡江船工号子、转丧鼓、红棺材、绣花鞋、新滩民居、送祝米等。

浓郁的三峡文化，为后人留下了宝贵的精神财富，是特色旅游开发取之不竭的源泉。

第二节　社会经济发展

一、社会发展概况

秭归县辖 12 个乡镇、6 个居委会、186 个村、1 150 个村民小组；至 2012 年末，全县总户数 143 807 户，总人口 381 914 人。

全县共有学校 89 所，“普及九年教育”成果不断巩固，高中阶段教育得到普及，职业教育得到提升，县职业教育中心跻身省级示范学校；全县各类医疗卫生机构 354 个，医疗条件不断改善，卫生应急体系不断完善，卫生监督、妇幼保健、传染病防治得到了加强；全县文物保护全面加强，文化共享工程被国家文化部表彰为全国示范工程，全民健身运动广泛开展；全县 186 个村在 2009 年全部实现了通汽车、通电、通电话的目标。

文明创建成果斐然，近年来，秭归县先后荣膺“全国卫生县城”“全国文化先进单位”“全国文物先进县”“全国园林城市”“全国退耕还林先进单位”“全国计划生育先进集体”等称号。

二、经济发展概况

改革开放以来，特别是三峡工程兴建以来，秭归县抢抓机遇乘势而上，全县经济得到了快速发展。2012 年全县 GDP 达到 78.772 9 亿元，人均 GDP 达到 21 907 元。

(一)产业发展概况

秭归县产业结构不断优化，一、二、三产业协调发展。特色农业进一步突出，“低山柑橘、中山茶叶干果、高山烤烟蔬菜”的产业格局进一步优化；新型工业高速发展，至 2010 年，规模以上工业企业增加到 68 家，规模工业增加值增加到 15 亿元以上，光电子、食品加工、纺织服装、新型建材、纸品包装、冶炼化工、清洁能源等优势产业形成并壮大，产业集群初具雏形；旅游业得到突破性发展，旅游产业体系日趋完善，屈原故里文化旅游区建成并对外开放，泗溪景区、九畹溪景区提档升级，成功创建首批湖北旅游强县；港口物流快速发展，建成了秭归客运港、长江物流中心；商贸经济活力增强，外贸出口位居宜昌市前列；金融、保险、房地产、通信等服务业快速发展。

(二)基础设施发展概况

1. 交通设施

秭归县“上控巴蜀，下引荆襄”，是我国中西部地区的分界点、桥头堡，具有承东启西、东推西进的独特区位性，自古以来就是长江上游的交通咽喉。随着三峡工程的蓄水和三峡翻坝公路的建成，秭归独特的区位优势日益凸现。

1)水路交通和港口码头

秭归县境内拥有长江黄金水道 64km,航道基础较好,多为资源型航道,整体优势明显,水路交通极为方便。秭归港已成为新三峡的起点港和终点港,成为渝东鄂西的交通枢纽和物资集散地。至 2010 年,库区秭归港已建成 6 个港区,港口企业 23 家,客、货泊位 57 个,港口年通过货物 768 万 t、滚装车辆 80 万辆、旅客 330 万人次。三峡水库建成蓄水后,县境内长江支流青干河、童庄河、咤溪河航道、九畹溪航道通航水平不断提高。

2)陆路交通

秭归县境内陆路交通便利,公路交通以宜秭公路、秭兴公路、风茅公路、沿江公路、翻坝高速公路为干线,乡镇及村级公路为支脉,形成了乡乡通油路、村村通公路的交通网。至 2010 年,全县通车里程达到了 2 934km,行政村班车通达率达到 75%以上。

2. 能源、信息及水利基础设施

秭归县毗邻全国的水电中心,并从 20 世纪 70 年代开始兴办水电站,至 2010 年,已开发电站 111 座,年平均发电量 2.326×10^{9}kW·h,已成为一个具有一定规模的地方电网。县境内有三家石油公司,燃油料供给充足。

全县通信网络、有线电视网络进一步向农村延伸,2010 年全县通信覆盖率达 95%、广播电视综合人口覆盖率达 97.8%。

全县水利设施不断完善,各类中小型水库治理工作不断巩固,长江流域水土保持工作不断加强,防洪抗旱能力显著提高。

第三节　人类活动特征

秭归县作为山区贫困县,工农业经济较落后,以农林业为主,工业不发达。县境内主要的人类工程经济活动为农林经济活动和工程建设活动。

一、农林经济活动

县境内广泛分布有耕地,主要为旱地,水田多为在山谷、坡地等地下水溢出部位改造而成,这些地区常产生地质灾害;经济林主要集中分布在高程 500m 以下长江及其支流河谷,多种植柑橘,在高山区经济林分布较少,主要为用材林。

农林经济活动表现为土地利用结构简单,农林业结构单一,人地矛盾突出。县境内多为陡坡地,人为垦殖、采伐森林等对地质环境的破坏较大。

二、工程建设活动

随着秭归县社会经济发展的需要,工程建设活动日益增多,主要有公路工程建设,城镇、小集镇、农村居民点的建设,水利水电工程建设,采矿工程活动以及库区移民建设等。

人类工程活动对地质环境亦有不可忽视的干扰。

第三章　地质条件

第一节　地层岩性

实习区——秭归县位于湖北西部—杨子地层区中部地段，秭归县境内地层发育齐全，除缺失古近系、新近系（原第三系）外，自太古宇至第四系都有出露：太古宇—中元古界崆岭群见于县境东部；震旦系和古生界地层沿黄陵背斜翼部呈条带状展布于东部至南部边缘；三叠系广布于县境内中、西、北部，侏罗系发育于秭归盆地中，白垩系石门组仅零星分布于界垭、仙女山—周坪一带；第四系主要分布在长江及其支流的河谷地带、冲沟及缓坡处。

由于实习区地质构造复杂，断裂、褶皱发育，故地层分布及厚度受其影响，某些地层在不同地段表现出很大的差别：比如，震旦系西部厚度小、缺少砂质层位，而东西部厚度大、层位全；另外，受仙女山、九畹溪等大断裂的影响，寒武系、奥陶系、志留系许多地层局部增厚或缺失。

县境内地层岩性的划分见表 3 - 1，由老到新依次介绍如下。

一、崆岭群

崆岭群地层在县境内仅发育有崆岭杂岩（ArK—Pt_2）；主要分布于杜家老屋—观音脑—古村坪、杜家屋场—小溪口—土上坪—五龙贯—柳林溪一带。

崆岭杂岩（ArK—Pt_2）以角闪片岩与二云母片岩互层及石英角闪片岩为主，为变粒岩，角闪斜长片麻岩，绿色针状、放射状角闪石的集合体，区域上可见大理岩、石英岩，与上覆莲沱组呈角度不整合接触。

二、南华系

南华系地层在县境内发育有下统莲沱组（Nh_1l）、上统南沱组（Nh_2n）；主要分布于庙河—青林—日月坪一带。

（一）下统

莲沱组（Nh_1l）　为黄绿色或紫红色中—厚层石英砂岩，长石石英砂岩夹细砂岩、砂质页岩，底部为砂砾岩或砾岩，砾石磨圆度好而分选差，砾径大小不一，大者 2cm，小者 0.2cm，砾石成分为石英岩。由下往上碎屑粒度由粗变细。

本组中上部交错层理发育，并含微古植物，为滨岸陆屑滩相。与下伏崆岭群地层呈角度不整合接触，与上覆南沱组呈平行不整合接触。

表 3-1　秭归县地层岩性简表

界	系	统	地层名称	岩组代号	厚度(m)	岩性简述
新生界	第四系	全新统		Qh	1～11	卵石、砂、亚砂土和黏土
		更新统		Qp	0～20	黏土、砾石
中生界	白垩系	下统	石门组	K_1s	37～275	上、下部为砖红色厚层砾岩；中部为砖红色中厚层石英砂岩与泥质粉砂岩互层
	侏罗系	上统	蓬莱镇组	J_3p	1 223～1 943	上部为紫红色泥岩砂岩不等厚互层；下部为石英砂岩夹泥砾岩
			遂宁组	J_3c	572～1 065	下部以紫红色含灰质粉砂岩、粉砂质泥岩为主；上部以灰白色中—厚层细粒长石石英砂岩为主
		中统	上沙溪庙组	J_2s	1 060～1 244	上、下部为紫红色泥岩；中部为紫红色泥岩砂岩互层
			下沙溪庙组	J_2x	945～1 139	上部为灰绿色砂岩夹泥岩；下部为紫红色泥岩夹砂岩
			聂家山组	J_2n	678～1 066	上部为黄绿色泥岩夹砂岩；下部为黄绿色泥岩、粉砂岩夹介壳灰岩条带及透镜体
		下统	香溪组	J_1x	373～547	灰绿色中—薄层黏土质粉砂岩、粉砂质黏土岩夹细砂岩、炭质页岩及煤层
	三叠系	上统	沙镇溪组	T_3s	0～158	薄—厚层石英砂岩、粉砂岩、黏土岩夹炭质页岩及煤层
		中统	巴东组	T_2b^5	0～18	浅灰—灰黄色厚层微晶白云岩夹泥质白云岩，顶部为浅灰色厚层含生物屑微晶灰岩
				T_2b^4	0～469	中-下部为紫红色厚层黏土岩；上部为紫红色厚层粉砂岩夹细砂岩
				T_2b^3	0～392	浅灰色薄—中厚层含黏土质微晶灰岩与灰色中厚层微晶灰岩互层，夹泥灰岩
				T_2b^2	0～417	紫红色黏土质粉砂岩与紫红色含灰质粉砂质黏土岩不等厚互层
				T_2b^1	93～116	微晶白云岩夹溶崩角砾岩及黑色膏泥透镜体
		下统	嘉陵江组	T_1j^3	125～185	下部为含石膏假晶白云岩夹灰色溶崩角砾岩；中-上部为厚层微晶灰岩夹中厚层微晶白云岩
				T_1j^2	179～323	下部为细晶生物屑、砂屑灰岩夹微晶灰质白云岩、溶崩角砾岩；中-上部为中—厚层微晶灰岩
				T_1j^1	120～313	微晶白云岩为主
			大冶组	T_1d	476～882	薄层微晶灰岩夹中厚层微晶灰岩和泥灰岩
上古生界	二叠系	上统	长兴组	P_2c	3～6	浅灰—灰黑色薄—中厚层含燧石结核灰岩
			吴家坪组	P_2w	82～278	下部含燧石结核灰岩夹少许页岩；上部硅质岩与页岩互层
			龙潭组	P_2l	5～35	砂页岩夹煤层相变为含燧石结核灰岩
		下统	茅口组	P_1m	145～282	含燧石结晶灰岩
			栖霞组	P_1q	100～253	深灰色中厚层瘤状灰岩夹黑色钙质泥岩
			梁山组	P_1l	0～36	页岩粉砂岩夹煤层
	石炭系	上统	黄龙组	C_2h	109	灰白色厚层块状结晶灰岩
			大埔组	C_2d		灰色中厚—厚层块状粗晶白云岩、砾碎屑白云岩
	泥盆系	上统	写经寺组	D_3x	0～34	石英砂岩页岩互层夹铁矿
			黄家磴组	D_3h	0～16	石英砂岩夹页岩及铁矿
		中统	云台观组	D_2y	0～81	灰白色厚层石英砂岩

续表 3-1

界	系	统	地层名称	岩组代号	厚度(m)	岩性简述
下古生界	志留系	中统	纱帽组	S_2s	91～182	红色薄层粉砂岩，中层石英细砂岩夹泥岩，中层细粒石英砂岩
		下统	罗惹坪组	S_1lr	803～1 102	黄绿色薄层粉砂岩，灰色薄—中层泥灰岩，瘤状灰岩，生屑灰岩
			龙马溪组	S_1l	496～610	灰绿色薄层粉砂质页岩，泥质粉砂岩，炭质页岩，偶夹薄层石英细砂岩
	奥陶系	上统	五峰组	O_3w	7	页岩与硅质泥岩互层
			临湘组	O_3l	3～5	紫红色中厚层泥灰岩
		中统	宝塔组	O_2b	19	下部以龟裂灰岩为主，夹瘤状灰岩；上部为中厚层瘤状灰岩，含角石
			庙坡组	O_2m	1～2	页岩夹泥灰岩
		下统	牯牛潭组	O_1g	18	龟裂灰岩瘤状灰岩，下部夹少量页岩
			大湾组	O_1d	41～45	泥质条带灰岩夹页岩
			红花园组	O_1h	17～28	灰岩夹生物碎屑岩
			分乡组	O_1f	28～52	生物碎屑灰岩与页岩互层
			南津关组	O_1n	66～134	深灰色块状白云质灰岩
	寒武系	上统	三游洞组	$\in_3s$	110～420	灰色厚层白云岩，白云质灰岩，角砾白云岩
		中统	覃家庙组	$\in_2q$	132～211	下部为薄层白云岩，纹层状白云岩；上部含少量厚层白云岩
		下统	石龙洞组	$\in_1sl$	60～106	灰色中—厚层白云岩，块状白云岩，角砾白云岩
			天河板组	$\in_1t$	88	下部为青灰色薄层灰岩与页岩互层，夹泥质条带灰岩，局部夹鲕状灰岩，可见古杯和三叶虫化石
			石牌组	$\in_1sh$	205～291	灰绿色中薄层粉砂岩、页岩、鲕状灰岩，豆状灰岩
			水井沱组	$\in_1s$	88～177	灰黑色含炭泥质粉砂岩，炭质页岩，发育大量大型结核
			岩家河组	$\in_1y$	88～177	下部为薄层页岩；上部为中厚层灰岩与薄层页岩互层
新元古界	震旦系	上统	灯影组	Z_2dy	61～245	下部为中层夹厚层白云岩，中部为纹层状灰岩；上部为厚层状白云岩且偶夹燧石条带和燧石结核
		下统	陡山沱组	Z_1d	39～176	下部为灰白色中厚层白云岩，中部为夹黑色薄层炭质页岩、泥灰岩；上部为灰白色薄—中层白云岩；顶部含黑色薄层硅质泥岩、炭质泥岩
	南华系	上统	南沱组	Nh_2n	0～91	灰绿色、暗绿色块状冰碛砾岩，具冰川擦痕
		下统	莲沱组	Nh_1l	0～328	紫红色薄—中厚层石英砂岩夹粉砂质泥岩，下部可见砾岩
中元古界-太古宇	崆岭群		崆岭杂岩	$ArK—Pt_2$	543～685	以角闪片岩与二云母片岩互层及石英角闪片岩为主，为变粒岩，角闪斜长片麻岩，绿色针状、放射状角闪石的集合体

(二)上统

南沱组(Nh_2n)为灰绿色、暗绿色厚层—巨块状冰碛泥岩,上部夹薄层状砂岩透镜体,含砾石,砾石大小不等,大者砾径 40cm,小者 0.1～5cm,次棱角状,分选差,表面具擦痕。

本组为陆地冰川堆积。与上覆陡山沱组及下伏莲沱组均呈平行不整合接触。

三、震旦系

震旦系地层在县境内发育有下统陡山沱组(Z_1d)、上统灯影组(Z_2dy);主要分布于庙河—青林—日月坪一带。

(一)下统

陡山沱组(Z_1d)以灰、褐灰、灰白色白云岩为主,下部为灰色、灰白色厚层白云岩,含泥质和硅质磷质结核;中部为灰黑色页片状含粉砂质白云岩、炭质页岩、泥灰岩;上部为灰、灰白色薄—中层白云岩夹硅质层或燧石团块,局部地区顶部可见黑色薄层炭质页岩、泥灰岩、硅质灰岩。

本组具有微细水平层纹,含微古植物,属开阔海台地相沉积。与上覆灯影组呈整合接触,与下伏南沱组呈平行不整合接触。

(二)上统

灯影组(Z_2dy)为黑灰色薄板状灰质白云岩夹灰白色白云岩、角砾状白云岩。

岩性三分:下部灰白色厚层状内碎屑白云岩;中部黑色薄层状含沥青质灰岩,含燧石条带及结核,产宏观藻类;上部为灰白色中—厚层状白云岩,含燧石层及燧石团块,顶部为硅磷质白云岩,产小壳化石。

本组以白云岩为主,富含微古植物、藻类、蠕虫动物、软舌螺等,其中常见微细水平羽状、透镜状层纹,黑色磷质微细层纹。含磷、黄铁矿及炭质,为台地相沉积。与上覆岩家河组呈平行不整合接触,与下伏陡山沱组呈整合接触。

四、寒武系

寒武系地层在县境内发育有下统岩家河组($\in_1y$)、水井沱组($\in_1s$)、石牌组($\in_1sh$)、天河板组($\in_1t$)、石龙洞组($\in_1sl$),中统覃家庙组($\in_2q$),上统三游洞组($\in_3s$);主要分布于杨家屋场—碾子坪—牛肝马肺峡—妃子屋场—狮子包—岩口子—刘家坡一带;与下伏震旦系地层呈平行不整合接触。

(一)下统

1. 岩家河组($\in_1y$)

黑色炭质页岩、炭质硅质岩与炭质灰岩互层,夹含磷层或磷质结核。含磷、钾、铀等元素。

岩家河组以炭质、硅质页岩为主,在黄陵背斜南部含丰富的小壳动物化石,含磷及黄铁矿,北部碳酸盐岩明显增多,并夹碎屑岩,说明本区东部及南部为台盆(沟)相、北部海水较浅,为开阔海台地相沉积。与上覆水井沱组及下伏灯影组均呈平行不整合接触。

2. 水井沱组($\in_1 s$)

下部黑色炭质页岩夹炭质灰岩，上部黑色薄层炭质灰岩夹炭质钙质页岩，发育大量大小不等的结核(俗称飞碟石)，最大直径1m以上。

本组以炭质页岩沉积为主，含三叶虫、介形类、海绵骨针、软舌螺等生物组合，见黄铁矿条带和水平层理，显然属静水还原环境沉积，为陆棚边缘盆地相。与上覆石牌组呈整合接触，与下伏岩家河组呈平行不整合接触。

3. 石牌组($\in_1 sh$)

上部灰绿色薄层粉砂岩、粉砂质页岩夹薄层灰岩或鲕粒灰岩，下部薄层泥质条带白云质灰岩，底部为灰色细砂岩。

本组富含三叶虫及少量腕足类、海绵类等化石。其中有时可见交错层理，偶见黄铁矿，属开阔海台地相沉积。与上覆天河板组及下伏水井沱组均呈整合接触。

4. 天河板组($\in_1 t$)

灰色薄层泥质条带微晶灰岩夹鲕粒亮晶灰岩、藻灰结核灰岩、薄层粉砂岩、白云质灰岩、竹叶状灰岩。

本组以夹多层鲕粒亮晶灰岩为特征，富含古杯、三叶虫等化石，具泥质条带状构造，属台地边缘滩坝相—开阔海台地相沉积。与上覆石龙洞组及下伏石牌组均呈整合接触。

5. 石龙洞组($\in_1 sl$)

灰色中厚层—块状白云岩夹角砾白云岩。

本组岩性以白云岩为主，生物化石极为稀少，为局限海台地相沉积。与上覆覃家庙组及下伏天河板组均呈整合接触。

(二)中统

覃家庙组($\in_2 q$)为灰、褐灰色薄层至中厚层含燧石结核或条带硅质白云质灰岩，局部夹泥质灰岩、白云岩及同生角砾白云岩。

本组以白云岩为主，化石稀少，含少量燧石结核和硅质条带，局部夹黑色膏泥，为咸化潮坪泻湖相沉积。与上覆三游洞组及下伏石龙洞组均呈整合接触。

(三)上统

三游洞组($\in_3 s$)为浅灰—深灰色厚层细晶白云岩夹硅质白云岩、硅质灰岩，局部含泥质条带及同生角砾。

本组岩性以白云岩为主，仅含少量叠层石和牙形石，为局限海台地相沉积。与上覆奥陶系的南津关组及下伏覃家庙组均呈整合接触。

五、奥陶系

奥陶系地层在县境内发育有下统南津关组($O_1 n$)、分乡组($O_1 f$)、红花园组($O_1 h$)、大湾组($O_1 d$)、牯牛潭组($O_1 g$)，中统庙坡组($O_2 m$)、宝塔组($O_2 b$)，上统临湘组($O_3 l$)、五峰组($O_3 w$)；

主要分布于铺坪—龙马溪—新滩—界垭、邓家淌—野茶园—穿心店—刘家屋场一带。

（一）下统

1. 南津关组（O_1n）

该组为灰—深灰色中厚层灰岩、生物碎屑灰岩、鲕状灰岩，中部为白云岩或白云质灰岩。与上覆分乡组及下伏三游洞组均呈整合接触。

2. 分乡组（O_1f）

该组为灰—深灰色厚层灰岩、生物屑灰岩夹黄绿色页岩，各地岩性变化不大。与上覆红花园组及下伏南津关组均呈整合接触。

3. 红花园组（O_1h）

该组为深灰色中—厚层灰岩夹粗晶生物屑灰岩。各地岩性甚为稳定。与上覆大湾组及下伏分乡组均呈整合接触。

4. 大湾组（O_1d）

该组为黄绿色页岩与紫红色或灰绿色薄—厚层瘤状灰岩、泥质灰岩互层。与上覆牯牛潭组及下伏红花园组均呈整合接触。

5. 牯牛潭组（O_1g）

该组为青灰—灰绿色中—厚层瘤状灰岩，下部瘤状构造不甚明显。与上覆庙坡组及下伏大湾组均呈整合接触。

（二）中统

1. 庙坡组（O_2m）

该组为灰褐—灰黑色页岩与中厚层微晶灰岩互层。与上覆宝塔组及下伏牯牛谭组均呈整合接触。

2. 宝塔组（O_2b）

该组为青灰或紫红色中厚层龟裂纹灰岩，顶部为龟裂瘤状泥质灰岩。含大量巨大角石，为我国唯一用化石形态特征创名的一个地层单位名称。与上覆临湘组及下伏庙坡组均呈整合接触。

（三）上统

1. 临湘组（O_3l）

该组为灰、黄绿色中厚层泥质瘤状灰岩，顶部为灰绿色泥灰岩。与上覆五峰组及下伏宝塔组均呈整合接触。

2. 五峰组（O_3w）

该组为灰黑色炭质硅质岩夹炭质页岩，顶部为深灰色硅质灰岩。与上覆龙马溪组呈平行不整合接触，与下伏临湘组呈整合接触。

南津关组以厚层灰岩，白云岩为主，富含三叶虫、腕足等化石，白云岩中发育交错层理，见星散状黄铁矿，属开阔海台地相沉积。

分乡组至庙坡组，主要为生物屑灰岩、瘤状灰岩，次为页岩。含泥质较高，具瘤状构造，有时见砂屑、鲕粒及泥质条纹。生物以三叶虫、腕足为主，次为头足类，化石丰富。应为开阔海台地相沉积。其中分乡组、大湾组、庙坡组页岩夹层较多，富含笔石化石，可能为海水更深的浅海陆棚相产物。

宝塔组以龟裂纹灰岩为主，泥裂构造发育，富含角石、三叶虫等化石，为典型潮坪相。

临湘组富含泥质，具瘤状构造，以三叶虫为主，化石丰富，保存完好，属开阔海台地相沉积。

五峰组，以炭质、硅质页岩沉积为主，富含浮游生物笔石化石，具水平层理，常含星点状黄铁矿，表明海水较深，为海水能量较弱的还原环境，属陆棚边缘盆地相沉积。

六、志留系

志留系地层在县境内发育有下统龙马溪组($S_1 l$)、罗惹坪组($S_1 lr$)，中统纱帽组($S_2 s$)；主要分布于宋家坪—新滩—蔡家坪—肖家湾—枇杷树沟、周坪—学堂包—大河口—芝兰、凉风台—磨坪—二甲一带。

(一)下统

1. 龙马溪组($S_1 l$)

该组下部为灰黑色含炭硅质黏土岩，含炭质页岩夹粉砂质页岩；上部为灰绿色页岩、粉砂质页岩夹中厚层粉砂岩、黏土质粉砂岩，含腕足类和笔石、三叶虫化石。在区域上往往被风化呈淡红色至褐紫色、紫灰色。

本组以黏土岩为主，具水平层理，波痕发育，为浅海陆棚相沉积。下部黑色页岩，富含笔石，具水平微细层理，含硅质条带和黄铁矿晶体，属陆棚边缘盆地相。与上覆罗惹坪组呈整合接触，与下伏五峰组呈平行不整合接触。

2. 罗惹坪组($S_1 lr$)

1)下段

该段为灰绿色薄层粉砂岩、黏土质粉砂岩夹粉砂岩、粉砂质黏土岩，顶部为灰色中厚层钙质砂岩夹微晶生物屑灰岩，新滩一带为粉砂岩与砂质页岩互层，顶部夹一层泥质灰岩。

本段富含腕足、珊瑚、海百合、三叶虫、苔藓等，灰岩中珊瑚、海百合常形成礁体，具虫迹，波痕构造发育，属浅海陆棚相。

2)上段

该段为灰绿色页岩、粉砂质页岩夹薄层粉砂岩或黏土质粉砂岩。本段岩性较稳定，仅在新滩一带中上部夹紫红色页岩。

本段主要为黏土岩沉积，化石稀少，仅见少量腕足、海百合、苔藓等，常见虫迹构造，波痕构造发育，表明继承了罗惹坪组下段的沉积特点，仍属浅海陆棚相沉积。与上覆纱帽组及下伏龙马溪组均呈整合接触。

(二)中统

纱帽组($S_2 s$)下部为黄绿色页岩、泥质粉砂岩、粉砂岩夹砂岩或紫红色细砂岩；上部为灰绿色、紫红色中厚层状细粒石英砂岩夹中—薄层状粉砂岩、砂质页岩，产腕足类、三叶虫、双壳类等化石。

灰绿色中厚层—薄层石英细砂岩、粉砂岩夹粉砂质页岩，上部夹黏土质结晶灰岩，但新滩未见灰岩夹层。

本组以细砂岩为主，化石稀少，仅顶部灰岩中含三叶虫、腕足、鱼化石碎片等。具虫管构造，波痕、交错层、泥裂构造发育，为沿岸滩坝相沉积。与上覆云台观组呈平行不整合接触，与下伏罗惹坪组呈整合接触。

七、泥盆系

泥盆系在县境内发育有中统云台观组(D_2y)，上统黄家磴组(D_3h)、写经寺组(D_3x)；主要分布于宋家坪—新滩—吕家坪—白上沟、岩屋坡—间西头—二岩口、三墩岩—唐垭—杨林—三台寺一带。

(一)中统

云台观组(D_2y)以灰白色中—厚层石英岩状砂岩、细粒石英砂岩为主，局部夹粉砂岩及粉砂质黏土岩。具水平纹理和大型斜层理构造，化石贫乏，仅上部偶见炭化植物碎片，底部石英岩状砂岩常含有石英砾石。

本组岩性单一，具水平纹理和大型斜层理构造，化石稀少，并且超覆于中志留统纱帽组之上，充分说明测区在经长期风化、夷平，地形趋于平缓的基础上，随着华南泥盆纪自南向北的海侵范围扩大，进而穿过江南古陆阻隔，形成宽缓的滨岸海滩地带。由于海浪作用，使沉积物充分淘洗、分选，不宜生物生长，加之地壳运动相对平静，得以形成横向和纵向上单一的岩性，是典型的滨岸陆屑滩相沉积。与上覆黄家蹬组呈整合接触，与下伏纱帽组呈平行不整合接触。

(二)上统

1. 黄家磴组(D_3h)

该组为黄绿、灰绿色页岩、细粒石英砂岩及粉砂岩、粉砂质页岩，间夹1～2层鲕状赤铁矿层。含植物碎片及鱼碎片、腕足、海百合等海相底栖动物，多以磨损介壳或生物屑出现。与上覆写经寺组及下伏云台观组均呈整合接触。

2. 写经寺组(D_3x)

该组为灰黄、青灰色泥质灰岩、生物屑灰岩及黄绿、黄褐色泥质、钙质粉砂岩、泥岩，顶底部常夹鲕状赤铁矿层及黄铁矿结核。呈中厚层状，具泥质条带构造。灰岩、钙质泥岩中含丰富的腕足和少量珊瑚，化石平行层理分布，多富集于层面，并有磨损现象。

晚泥盆世早期(黄家磴期)沉积一套黏土岩、粉砂岩及以砂岩为主的陆源碎屑岩，夹有鲕状赤铁矿层或含铁砂岩、砂砾状磷块岩。陆相植物和海相底栖动物交替出现，化石磨损，多呈碎片状保存，是滨岸潮坪相的产物。晚期(写经寺期)是测区泥盆纪海侵较大的时期，构成了从碎屑岩—碳酸盐岩的海侵旋回，杨林附近沉积以碳酸盐、泥质为主，丰富的腕足化石集中层面分布，具泥质条带、条纹状构造，是开阔海台地相的产物。与上覆大埔组呈平行不整合接触，与下伏黄家磴组呈整合接触。

八、石炭系

石炭系在县境内发育有上统大埔组(C_2d)和黄龙组(C_2h)；主要分布于宋家坪—新滩—杨林一带。

1. 大埔组(C_2d)

该组岩性较复杂，下部为深灰色页岩及深灰色含生物屑微晶灰岩；上部为杂色、紫红色粉砂岩、细砂岩及页岩；顶部页岩中含针铁矿及赤铁矿结核；多呈中—厚层状，具有水平纹层构造，腕足、珊瑚及海百合等较丰富，化石保存不完整，多呈碎片状平行层理分布。与上覆黄龙组呈整合接触，与下伏写经寺组呈平行不整合接触。

从大埔组岩性、构造及海相生物的保存状态分析，基本上说明本区在早石炭世早期(岩关期)，属滨岸潮坪相区沉积。

2. 黄龙组(C_2h)

该组下部为浅灰色中—厚层白云岩、灰质白云岩，底部常见硅化结晶白云岩及角砾状白云岩；上部为浅灰色厚层白云质灰岩及含生物屑灰岩。

晚石炭世早期(黄龙期)，本区遭受了比早石炭世更大规模的海侵，黄龙组下部白云岩、化石稀少，是局限海台地相的产物，上部灰岩呈磨圆碎屑状保存的浅海底栖动物化石较丰富，主要门类有䗴、珊瑚及海百合，是开阔海台地相的产物。与上覆梁山组呈平行不整合接触，与下伏大埔组呈整合接触。

九、二叠系

二叠系地层在县境内发育有下统梁山组(P_1l)、栖霞组(P_1q)、茅口组(P_1m)，上统龙潭组(P_2l)、吴家坪组(P_2w)和长兴组(P_2c)；分布于水井湾—白沱—下坪—大坪、港子口—林家村—上杨柳地、牛地坪一带。

(一)下统

1. 梁山组(P_1l)

梁山组(P_1l)为灰黑色含砂质页岩、灰白色砂岩夹煤层，底部为灰绿色薄层泥质页岩、褐黄色黏土层。顶界以富含介形类的灰色砂质页岩为标志与栖霞组疙瘩状灰岩相区别，界线明显。与上覆栖霞组呈整合接触，与下伏黄龙组呈平行不整合接触。

2. 栖霞组(P_1q)

栖霞组(P_1q)下部为黑—黑灰色薄—中厚层含燧石结核疙瘩状灰岩，夹含炭钙质页岩；中部为黑—深灰色中厚层状含沥青质灰岩；上部为灰—深灰色薄—中厚层含燧石结核灰岩，有时见瘤状构造。与上覆茅口组和下伏梁山组均呈整合接触。

3. 茅口组(P_1m)

茅口组(P_1m)按岩性大致可分为三部分：下部以灰黑色巨厚层灰岩为主，夹少量燧石结核；中部以燧石结核灰岩为主，燧石显著增多；上部为浅灰色灰岩。与上覆龙潭组及下伏栖霞组均呈整合接触。

（二）上统

1. 龙潭组(P_2l)

龙潭组(P_2l)下部以深灰色砂、页岩互层为主，顶部为砂岩及含䗴灰岩；中部为黄褐色中至粗粒厚层长石石英砂岩、铝土质泥岩、页岩夹煤层，含植物化石；上部以黑色页岩为主夹灰岩及细砂岩，富含腕足类等化石。与上覆吴家坪组及下伏茅口组均呈整合接触。

2. 吴家坪组(P_2w)

该组岩性为灰色中厚—厚层状含燧石结核灰岩、生物碎屑灰岩，上部为灰黑色、深灰色硅质岩、泥岩和泥灰岩，顶部夹黏土岩层。与上覆长兴组及下伏龙潭组均呈整合接触。

3. 长兴组(P_2c)

长兴组(P_2c)岩性为浅灰色、灰黑色薄—中厚层含燧石结核灰岩。与上覆大冶组及下伏吴家坪组均呈整合接触。

早二叠世梁山期，接受了以石英砂岩为主的沉积。砂岩分选良好，分布广泛，发育楔形交错层理、不规则波状层理，层面见有雨痕、虫迹构造和植物茎干化石，显示滨岸滩坝相沉积特征，其中含炭砂质页岩及煤层，具水平层理，为沼泽相—泥炭沼泽相沉积。至栖霞期、茅口期，海侵范围进一步扩大，沉积物以深灰色含生物屑微晶灰岩为主，具瘤状构造，含燧石结核及黄铁矿晶体，主要生物有珊瑚、䗴、腕足、苔藓、有孔虫等，岩石含有较多灰泥，属开阔海台地相沉积。在周坪以南，茅口组顶部的硅质层，富含漂浮生物头足类化石，化石个体完整，表明在早二叠世晚期，海水相对较深，水体能量较弱，已向台盆(沟)相带过渡。

早二叠世末，受东吴运动影响，海水一度退出本区，形成了上、下二叠统之间的沉积间断。

晚二叠世早期，本区普遍沉积了以生物粉屑微晶灰岩为主的吴家坪组，生物化石丰富，除䗴、有孔虫、腕足外，尚有棘皮动物、海绵骨针、珊瑚、绿藻等生物碎屑，属开阔海台地相。

晚二叠世晚期，本区以黑色硅质岩沉积为主，具水平微细层理，生物以营浮游生活的菊石、箭石和营底栖的小个体腕足、双壳类等为主。其中双壳类为广盐度生物种属，并常见星点状黄铁矿晶体，这些特征都说明当时海底处于浪基面至氧化界面附近，水体能量较弱，为台地相水体能量最弱地带，可划为台盆(沟)相带。

十、三叠系

三叠系地层在县境内发育有下统大冶组(T_1d)、嘉陵江组(T_1j)，中统巴东组(T_2b)，上统沙镇溪组(T_3s)；主要分布在秭归盆地周缘的东部、南部、西南部。

（一）下统

1. 大冶组(T_1d)

该组岩性较为单一，主要为浅灰、肉红色薄层微晶灰岩夹中厚层微晶灰岩和泥灰岩，底部为厚 3.5～50.6m 的黄绿色页岩，下部夹黄绿色页岩，上部为灰色中厚层亮晶砂屑灰岩。

本组以薄层微晶灰岩为主，并见有条带状构造和瘤状构造，具水平层理，局部发育斜层理，生物较为丰富，主要为双壳类、菊石、介形虫、海百合，个体完整，属开阔海台地相沉积。下部页岩夹层多，双壳类、菊石较丰富，显然海水较深，可能为浅海陆棚相沉积。与上覆嘉陵江组及下伏长兴组均呈整合接触。

2. 嘉陵江组(T_1j)

下段(T_1j^1)：下部为浅灰色中厚层微晶白云岩及厚层溶崩角砾岩，底部为厚1.8～5.99m的含生物屑、砾屑亮晶鲕粒灰岩；中-上部为灰、深灰色微薄—中厚层微晶灰岩夹少量砾屑、砂屑灰岩及一层亮晶鲕粒灰岩。

中段(T_1j^2)：下部为灰色细晶生物屑、砂屑灰岩夹微晶灰质白云岩、溶崩角砾岩，底部为一层含石膏假晶白云岩；中-上部为浅灰、肉红色中—厚层微晶灰岩，夹微晶粒屑灰岩和生物屑微晶灰岩。

上段(T_1j^3)：下部为浅灰色中厚层含石膏假晶白云岩夹灰色溶崩角砾岩；中-上部为灰—深灰色厚层微晶灰岩夹灰白色中厚层微晶白云岩。

下三叠统嘉陵江组主要为一套碳酸盐岩沉积。鲕粒灰岩、内碎屑灰岩较为普遍，具微波状、波状层理，白云岩中见斜层理及干裂构造。生物稀少，仅见少量双壳类和螺类，种属单调，且多呈碎屑状。白云岩、溶崩角砾岩夹层中常见石膏、石盐假晶，并偶夹燧石结核或燧石条带。为干燥气候条件下半闭塞—闭塞台地相沉积。与上覆巴东组及下伏大冶组均呈整合接触。

3. 巴东组(T_2b)

巴一段(T_2b^1)：主要为灰色微晶白云岩夹溶崩角砾岩及黑色膏泥透镜体，底部为含石膏假晶灰岩，顶部为黄绿—蓝绿色页岩夹灰色薄层泥灰岩。

巴二段(T_2b^2)：主要为紫红色黏土质粉砂岩与紫红色含灰质粉砂质黏土岩不等厚互层，夹泥灰岩、细砂岩和灰绿色泥岩条带。

巴三段(T_2b^3)：主要为浅灰色薄—中厚层含黏土质微晶灰岩与灰色中厚层微晶灰岩互层，夹泥灰岩，下部夹黄色薄—中厚层微晶白云岩及溶崩角砾岩；上部夹少量浅灰色薄—中厚层灰质细砂岩及灰质水云母黏土岩。

巴四段(T_2b^4)：中-下部为紫红色厚层黏土岩，含灰质粉砂质黏土岩夹蓝灰色中厚层含黏土质、粉砂质微晶灰岩；上部为紫红色厚层粉砂岩夹细砂岩。

巴五段(T_2b^5)：主要为浅灰—灰黄色厚层微晶白云岩夹泥质白云岩，顶部为浅灰色厚层含生物屑微晶灰岩。

巴东组为一套厚度较大的紫红色碎屑岩及碳酸盐岩沉积，紫红色碎屑岩中波痕、交错层、虫管构造常见，生物稀少，仅在灰岩夹层中见少数双壳类化石，属炎热干燥气候条件的潮坪泻湖环境。其中巴一段以白云岩、溶崩角砾岩为主，具水平层理，为闭塞台地相沉积。与上覆沙镇溪组呈平行不整合接触，与下伏嘉陵江组呈整合接触。

(二)上统

沙镇溪组(T_3s)为灰绿—灰色薄—厚层石英砂岩、粉砂岩、黏土岩夹炭质页岩及煤层。

本组以深灰色含煤细碎屑岩沉积为特征，含有镁铁矿结核，下部含有灰质和泥灰岩条带，具水平层理和微细交错层构造，化石丰富，主要有植物、双壳类、叶肢介等，保存较好，属滨岸沼泽相沉积。

十一、侏罗系

侏罗系地层在县境内发育有下统香溪组(J_1x),中统聂家山组(J_2n)、下沙溪庙组(J_2x)、上沙溪庙组(J_2s),上统遂宁组(J_3c)、蓬莱镇组(J_3p);集中分布于秭归盆地。

(一)下统

香溪组(J_1x)为灰绿色中—薄层黏土质粉砂岩、粉砂质黏土岩夹细砂岩、炭质页岩及煤层,一般上部以泥岩、黏土岩为主,偶夹亮晶生物屑灰岩;下部以粉砂岩、砂岩为主,最底部为一层灰白色、黄绿色厚层中粒石英砂岩,含砾石或夹砾岩。

本组自下而上划分为9个韵律层,含煤9层,但一般可采煤层1~3层,本组横向变化较大,总的趋势是盆地四周砂岩含量高,向盆地中心三溪河至滩坪一带迅速降低,在沙镇溪砂岩含量达51%,而滩坪仅10%左右。

本组底部含砾石英砂岩在秭归盆地西南部,覆于沙镇溪组之上,二者分界明显,接触界面常见冲刷现象。在南部文化等地,缺失上三叠统沙镇溪组,香溪组直接覆于中三叠统巴东组之上,并且巴东组有时也缺失了很大一部分。此种现象表明,香溪组与下伏地层在大部分地区表现为平行不整合接触关系,在文化等地,局部为微角度不整合。

本组下部砂岩,分选性差,斜层理、楔形层理发育,并时夹大型岩块,应为典型河床相沉积,而煤层及黑色炭质页岩,含大量植物叶片化石,属于泥炭沼泽相沉积。上部以砂岩、泥质粉砂岩为主,具微细斜层理,除含植物叶片外,尚见到保存完好的双壳类化石,应为湖相—湖沼相沉积。与上覆聂家山组呈整合接触,与下伏沙镇溪组呈平行不整合接触。

(二)中统

1. 聂家山组(J_2n)

本组连续沉积于香溪组之上,按岩性大致分为三部分:下部为灰绿色薄—中厚层粉砂质黏土岩、粉砂岩、长石石英砂岩,夹少量紫红色泥岩、薄层粉砂岩;中部为紫红色薄—中厚层粉砂岩与灰绿色细粒长石石英砂岩不等厚互层,偶夹生物介壳亮晶灰岩;上部以紫红色中厚层粉砂岩、含砾黏土质粉砂岩为主,夹少量灰绿色薄层细砂岩、长石石英砂岩。

本组底部以一层厚48.39m的紫红色薄—中厚层粉砂岩、石英砂岩与香溪组为界,局部见厚2.7~4.7m的砾岩,此层砾岩在沙镇溪、泄滩一带覆于香溪组灰色泥岩之上,砾石成分以燧石及石英为主,砾径0.2~5cm。其他地区未见砾岩,砂岩较粗,常含泥砾或少量细砾石。

本组和下伏香溪组比较,以开始出现紫红色为特征,砂岩分选较好,水平层理较发育,局部见对称波痕,灰岩夹层中富含淡水双壳类化石,属于干热气候条件下浅湖相沉积;上部有的砂岩夹层,不甚稳定,斜层理发育,说明局部具有河流相沉积特征。与上覆下沙溪庙组和下伏香溪组均呈整合接触。

2. 下沙溪庙组(J_2x)

该组底部为灰绿色厚—巨厚层砂质砾岩;下部为紫红色厚层粉砂质泥岩、泥质粉砂岩,夹青灰色厚层中—细粒长石砂岩、岩屑长石砂岩;上部为紫红色薄层粉砂岩、含灰质泥质粉砂岩与青灰—灰绿色厚层长石砂岩、岩屑长石砂岩不等厚互层。

下沙溪庙组与下伏聂家山组之间，普遍发育一层灰黄色块状粗至中粒长石砂岩，厚度一般为15.1～25.8m，区域分布较稳定。与上覆上沙溪庙组和下伏聂家山组均呈整合接触。

3. 上沙溪庙组(J_2s)

本组连续沉积于下沙溪庙组之上，为紫红色至紫灰色薄—中厚层粉砂岩、黏土质粉砂岩、灰质粉砂岩与灰白色中—厚层细粒长石砂岩、岩屑长石砂岩、长石石英砂岩互层，底部为青灰—灰绿色厚层—块状中—细粒岩屑长石砂岩。

本组砂岩，于水田坝—泄滩—沙镇溪一线南东侧含量较高，最高达48%以上，向北、向西泥质成分逐渐增多。与上覆遂宁组及下伏下沙溪庙组均呈整合接触。

上沙溪庙组、下沙溪庙组为一套巨厚的砂泥岩沉积。其中泥岩富含砂质，砂岩较粗、分选性差，常含泥砾并夹透镜状砾岩，单向斜层理发育，常见正韵律层，横向变化大，冲刷切割现象普遍，系河流相为主的快速堆积。下沙溪庙组底部、上沙溪庙组顶部个别层段，砂岩横向稳定，分选性好，偶见交错层理，泥岩夹层含砂较少，可能属浅湖至滨湖相。泥岩色红并含石膏，表明当时处于干热气候。

（三）上统

1. 遂宁组(J_3c)

该组连续沉积于上沙溪庙组之上，根据岩性特征，分为上、下两部分：下部为紫红色含灰质粉砂岩、粉砂质泥岩，夹灰绿色厚层细粒长石砂岩；上部以灰白色中—厚层细粒长石石英砂岩为主，夹紫红色粉砂岩、泥质钙质粉砂岩。

本组底部以一层厚0～20m的砖红色石英粉砂岩作为遂宁组的底界，三溪河一带粉砂岩中常夹有粉砂质泥岩，含灰质团块。

本组砂岩颗粒细，分选好，石英含量较高，并以灰质胶结为主，砂岩横向较稳定，以水平层理为主，常见波状层理，泥岩色红，见泥裂构造，应为干燥气候条件下形成的氧化浅湖相沉积。有的粉砂岩偶见斜层理及冲刷切割现象，为河流相沉积。与上覆蓬莱镇组和下伏上沙溪庙组均呈整合接触。

2. 蓬莱镇组(J_3p)

蓬莱镇组(J_3p)下部为紫红色薄—中厚层灰质黏土质粉砂岩、粉砂质黏土岩与灰白色厚—中厚层中粒石英砂岩、长石石英砂岩等厚互层；上部以灰白色中厚—厚层长石砂岩、长石石英砂岩为主，夹紫红色钙质细砂岩，局部含砾或夹砾岩。

本组岩性横向变化不大，向斜西翼砂岩较多，碎屑颗粒以岩屑、长石含量较高，东翼泥岩渐次增多，碎屑矿物以石英为主。

本组砂岩以中粒为主，正韵律发育，粒度变化幅度大，微细层理发育，有的层段砂岩占绝对优势，富含炭化植物碎片、煤屑、赤铁矿结核，虫迹、虫管十分发育。在红色泥岩中富含灰质团块，泥砾大量出现，冲刷现象普遍。这些特征表明，蓬莱镇组属浅湖相至河流相沉积。与上覆石门组呈角度不整合接触，与下伏遂宁组呈整合接触。

十二、白垩系

白垩系地层在县境内仅发育有下统石门组(K_1s)，主要分布在界垭、仙女山一带。

石门组(K_1s)为陆相红色碎屑岩,下部为砖红色厚层砾岩,顶部为砖红、灰白色石英砂岩,砾石主要为灰岩、白云岩,次为黑色燧石,呈次滚圆状,排列具一定方向,略具分选,大小一般为1～30cm,基底式胶结,胶结物主要为硅质;中部为砖红色中厚层石英砂岩与中厚层泥质粉砂岩互层,另夹砖红色砂砾岩层,交错层理发育;上部为砖红色厚层砾岩,砾石成分以灰岩和石英砂岩为主,次为黑色燧石,砾石大小不一,大者砾径为4cm,小者砾径为0.5cm,磨圆度尚好,但排列无方向,基底式胶结,胶结物为硅质、灰质。

沉积具有粗—细—粗的旋回性。与下伏侏罗系蓬莱镇组地层呈角度不整合接触。

十三、第四系

第四系堆积物在县境内发育有更新统(Qp)和全新统(Qh);多沿长江及其支流的河谷、冲沟及缓坡处零星分布;与下伏白垩系地层呈角度不整合接触。

(一)更新统(Qp)

更新统(Qp)零星分布于县境内河谷阶地、各级剥夷面、斜坡凹地等处,多种成因类型,其中以冲积及残、坡积分布最多。

下更新统(Q_1):棕红色亚黏土及砾石,残留于最低一级夷平面上及相应的盆地内。

中更新统(Q_2):棕黄色亚黏土含砾石或上部亚黏土、下部砾石层,主要分布于河谷五级—三级阶地上。

上更新统(Q_3):黄褐色黏土,亚黏土和砂砾石,多具二元结构,断续分布于河谷二级阶地上。

(二)全新统(Qh)

全新统(Qh)在县境内沿长江及其支流分布,构成河床、河漫滩堆积,为卵石、砂、亚砂土和黏土。卵石成分复杂,胶结松散,厚1～11m。

此外,县境内还见有重力堆积、洞穴堆积、坡积、残积等多种成因类型的全新世堆积,为碎石、岩块、亚砂土、亚黏土等的混杂物,厚度和分布一般很小。

第二节　岩浆岩

一、侵入岩

秭归县岩浆岩集中分布于东部兰陵溪、庙河、鲁家河以东,主要为侵入岩,未见喷出岩。区域上,侵入岩体出露于黄陵背斜的核部,属于扬子克拉通古老结晶基底的一部分。均系前南华纪岩浆活动的产物:侵入太古宇—中元古界崆岭群变质岩中,南华系莲沱组地层沉积覆盖其上。受北西向构造所控制,岩性复杂,从超基性-基性岩、中性岩至酸性岩都有出露。其中,中、酸性侵入岩呈岩基产出,规模较大,为县境内侵入岩的主体,其他基性、超基性岩等规模甚小,分布零星。

秭归县及周边地区的侵入岩为茅坪复式岩体和黄陵庙复式岩体。

（一）茅坪复式岩体

茅坪复式岩体出露于秭归县兰陵溪、中坝、陈家冲、堰湾、东岳庙等地，根据资料显示，年代学数据约为832±12Ma，形成于晋宁运动晚期。茅坪复式岩体中包括兰陵溪岩体、中坝岩体、太平溪岩体、堰湾岩体和东岳庙岩体。

（1）兰陵溪岩体：岩性为灰黑色中—细粒黑云角闪石英辉长岩。在茅坪木材检查站能看到与崆岭杂岩围岩直接接触，在岩体接触带附近含有大量的斜长角闪（片）岩捕虏体，受到变质岩系的片麻理控制，岩石中角闪石和黑云母含量明显增多。岩石新鲜面显示深灰色，中细粒结构，块状构造。主要矿物成分为斜长石（50%）、辉石（30%）、石英（10%）、角闪石（10%）、黑云母（10%）。

（2）中坝岩体：岩性为灰色中—细粒黑云母石英闪长岩。岩体中含有较多的镁铁质微粒包体。岩石为灰色，中—细粒结构，块状构造。主要矿物成分为斜长石（55%）、角闪石（25%）、石英（10%）、黑云母（10%）。

（3）太平溪岩体：岩性为深灰色中粗粒黑云角闪英云闪长岩。岩石为深灰色，中—粗粒结构，块状构造。主要矿物成分为斜长石（50%）、石英（25%）、角闪石（15%）、黑云母（10%）。岩体内岩浆混合作用的浆混体发育，主要为镁铁质微粒包体，是在太平溪岩体未完全固结的情况下，热的镁铁质岩浆喷射进入相对较冷的该岩浆中产生机械混合作用形成的。在岩浆混合过程中，如果英云闪长质岩浆尚在流动，则可使喷射进来的镁铁质微粒包体沿岩浆流动方向拉扁变长，产生定向性。

（4）堰湾岩体：岩性为灰白色粗粒黑云母英云闪长岩。岩石因粒度粗，在露头上风化厉害。岩石新鲜面呈灰白色，粗粒结构，块状构造。主要矿物成分为斜长石（60%）、石英（25%）、黑云母（10%）、角闪石（5%）。岩石中黑云母片粒度多达5mm以上，自形程度好，常规则叠置成假六方柱形。

（5）东岳庙岩体：岩性为灰色中细粒黑云母斜长花岗岩。为茅坪复式岩体最晚期的一个岩体，岩石颗粒细小。位于茅坪复式岩体的西缘，在黄陵庙地区黄陵庙复式岩体与其接触。岩石为灰色，中—细粒结构，块状构造。主要矿物成分为斜长石（65%）、石英（25%）、黑云母（5%）、角闪石（5%）。

（二）黄陵庙复式岩体

黄陵庙复式岩体分布于黄陵庙地区的三斗坪镇、小滩头等地。形成侵入比茅坪岩体稍晚，大约为819±7Ma。主体分为两期侵入，即三斗坪岩体和小滩头岩体。

（1）三斗坪岩体：岩性为灰色中粒黑云母花岗闪长岩。岩石为灰色，中粒结构，局部有似斑状结构，块状构造。主要矿物成分为斜长石（55%）、石英（25%），钾长石（10%）、黑云母（10%），无角闪石。岩石中含有赤铁矿。

（2）小滩头岩体：岩性为灰白色或浅肉红色斑状黑云母二长花岗岩。岩石为灰白色或浅肉红色，中粒花岗结构或似斑状结构，块状构造，在似斑状结构中形成斑晶的主要为钾长石，基质为中粗粒等粒结构，由钾长石、石英、斜长石及少量黑云母和白云母组成。

二、脉岩

秭归县脉岩不甚发育，主要分布在崆岭杂岩和侵入岩中。基性、中性、酸性、碱性等各类脉岩均有出现。就形成时代论，以晋宁期脉岩最为发育，前晋宁期脉岩少见。晋宁期第一阶段派生出来的脉岩主要有石英脉和伟晶岩脉，分布广泛，以北西走向为主。第二阶段派生的脉岩主要有花岗岩脉、斜长花岗岩脉，辉绿岩脉、煌斑岩脉、辉绿玢岩脉，闪长岩脉和长英质岩脉等，多见于中、酸性岩体中，走向多为近东西和北东向，其他方向也偶有见及。

第三节　变质岩

秭归县境内变质岩仅分布于黄陵背斜核部，出露零星。其中，以区域变质岩为主，属铁铝榴石角闪岩相，并部分受到不同程度的混合岩化作用，局部形成了混合岩。此外，沿断裂或断裂带发育动力变质岩；同时，在侵入岩与围岩接触带，零星分布接触交代变质岩。

一、区域变质岩

区域变质岩在县境内崆岭群地层中可见及，分为7个岩石类型。

（一）碱长片麻岩类

碱长片麻岩类主要有黑云奥长片麻岩、含二云奥长片麻岩、石榴黑云二长片麻岩、黑云二长变粒岩、二长浅粒岩等。

（二）云母片岩类

云母片岩类呈产状产出，厚度一般为1～2m；岩石呈棕褐色，花岗鳞片变晶结构，片状构造。主要矿物成分为黑云母(60％)、石英(18％)、斜长石(5％)、普通角闪石(2％)，普通角闪石纤维状，分布于黑云母间。

（三）斜长角闪岩及角闪片岩类

斜长角闪岩及角闪片岩类呈层状或似层状夹于其他岩层中，其化学成分与中基性岩和泥灰岩相似，包括含滑石绿泥石片岩、黑云斜长角闪岩、细粒斜长角闪岩、含磁铁石榴石透闪石角闪片岩、含黑云角闪斜长片麻岩等。

（四）云英片岩类

云英片岩类呈层状产出，以黑云石英片岩为主；岩石呈灰色，鳞片花岗变晶结构，片状构造，矿物成分为石英(69％)、黑云母(20％)、奥长石(10％)、石榴石(0.5％)等。

（五）大理岩及白云石大理岩类

大理岩及白云石大理岩类呈层状产出，包括含方解石白云石大理岩、蛇纹石白云石大理岩、蛇纹石化橄榄石大理岩等。

（六）石英岩类

石英岩常与大理岩、石墨片岩相伴生，往往呈夹层出现，岩石质纯，呈灰白色，不等粒花岗变晶结构，定向构造，矿物成分主要为石英（93%～98%），其他矿物为少量白（绢）云母、斜长石、透辉石和微量磷灰石、磁铁矿等。

（七）石墨质岩类

石墨质岩类呈层状产出，并常与大理岩、石英岩等共生，包括石墨片岩、含石墨二云片岩、含石墨黑云斜长片麻岩等。

二、混合岩

秭归县境内混合岩仅见于学堂坪，零星分布于崆岭群地层中。本区混合岩有两种。

（1）一种为岩浆侵入到古老变质岩的断裂等部位，岩浆与围岩发生混合岩化作用，在岩体与围岩侵入带上形成局部混合岩化，范围小，主要表现为脉体是斜长石质，含少量辉石。

（2）另一种为区域混合岩化作用，主要受构造控制产生，表现为在黄陵背斜轴部混合岩化作用强，而向翼部减弱。区内主要混合岩类型为：条带状混合岩、角砾状混合岩等；在变质岩与混合岩的过渡地带，常发育混合岩化片麻岩。

①条带状混合岩：区内分布最多，脉体为长英质及花岗质，基体主要为斜长片麻岩及二长片麻岩。

②角砾状混合岩：基体呈角砾状分布于脉体之间，形成角砾构造，角砾大小不等。角砾为斜长角闪岩，脉体为长英质。

③混合岩化片麻岩：岩石受混合岩化作用较弱，有混合岩化黑云二长片麻岩、混合岩化黑云斜长片麻岩、混合岩化黑云角闪斜长片麻岩等。岩石中脉体稀疏，成分为长英质，与基体界线十分清楚。

三、其他岩石

其他岩石包括动力变质岩和接触交代变质岩。

（一）动力变质岩

动力变质岩往往沿各种方向压性、压扭性断裂分布，且多见于黄陵背斜崆岭群中的断裂带上，主要受构造动力作用，其岩石类型主要为碎裂岩、糜棱岩和构造片岩等，皆沿断裂呈北西向分布。

（二）接触交代变质岩

接触交代变质岩主要有矽卡岩和混染岩两种类型。前者分布于王家岭一带，位于黄陵花岗岩与大理岩的接触带上，形成矽卡岩，有矽卡岩型铜钼矿化，主要有透辉石矽卡岩及石榴子石矽卡岩；后者分布于野木坪、黑岩子等地，为英云闪长岩与变质岩的接触带所反映。

第四节　地质构造

一、地质构造背景

（一）构造演化历史

秭归县及其周边地区的总体构造格局与形迹都是地质历史时期构造演化的产物：18—25亿年的古元古代时期，本区处在活动大陆边缘拉张盆地环境，后接受一套火山岩与陆源碎屑及碳酸盐岩的沉积（现称之为崆岭群）；至中元古代时期（10—18亿年），经历首次区域构造变动即神龙运动，因其热力作用，使盆地沉积在其作用下变质成为变质岩系；到新元古代（8—10亿年），经续前而发的大的构造运动（晋宁运动），主体以SE—NNW向挤压作用使前南华系地层强烈褶皱、断裂和变质，伴之多期岩浆侵入，形成了古老的结晶基底（通称黄陵地块）及基底构造；从晚元古代晚期到中生代晚期（1.35—8.0亿年），本区一直处于较稳定的陆块环境，构造运动以大面积升降为主导，长期接受地台型沉积物的沉积作用，这是本区地质事件的主流，仅在晚志留世和早泥盆世期间经历了沉积间断并遭受剥蚀作用；在中生代晚期的侏罗纪时期（0.05—1.37亿年），发生了空前规模的造山运动（燕山运动），使沉积于基底以上的盖层岩系普遍褶皱、断裂，伴随差异运动形成断陷、坳陷盆地并接受陆屑沉积，受基底影响及控制，形成了一系列围绕基底的弧形构造，该运动对基底产生的影响远较盖层弱，燕山运动形成了本区基本构造框架；最新的喜马拉雅运动时期（0.2—0.65亿年），本区全面结束沉积作用，构造作用除红层有轻微变形和江汉盆地伴有玄武岩喷发外，呈现为大面积差异升降运动及掀斜运动。

（二）构造格局及形迹

在上述地质历史构造演化下，形成了秭归县及其周边地区基本构造格局（图3-1）。按板块构造理念，本区大地构造背景大致以城口-房县断裂为界，北属秦岭褶皱系，南为扬子准地台，地内主要二级构造单元有四川台坳、八面山台褶皱带、大巴山台缘褶皱带及江汉-洞庭坳陷。本区位于扬子准地台的中西部，八面山台褶皱带内。根据构造运动特征及层次，本地区整体上可分为基底构造和盖层构造两大部分。就构造形迹而言，存在褶皱构造、断裂构造、侵入构造（侵入面、侵入岩面理、线理等）。

二、地质构造特征

秭归县处于新华夏构造体系鄂西隆起带北端和淮阳山字型构造体系的复合部位，构造格局较为复杂（图3-2）。县境内北西向构造主要发育于前南华纪变质岩系中，由一系列的褶皱和断裂组成，并伴随有岩浆活动；东西向构造分布于南部，以沉积盖层组成的褶皱为主，断裂不甚发育，主要构造形迹为香龙山背斜及其东侧的五龙褶皱带；新华夏系为县境内重要的构造体系，主要表现为新华夏系联合弧形构造和新华夏系复合式构造两种形式，前者在县境内的构造形迹有百福坪-流来观背斜、茶店子复向斜，后者主要为北北东向构造，由北北东向压性或压扭

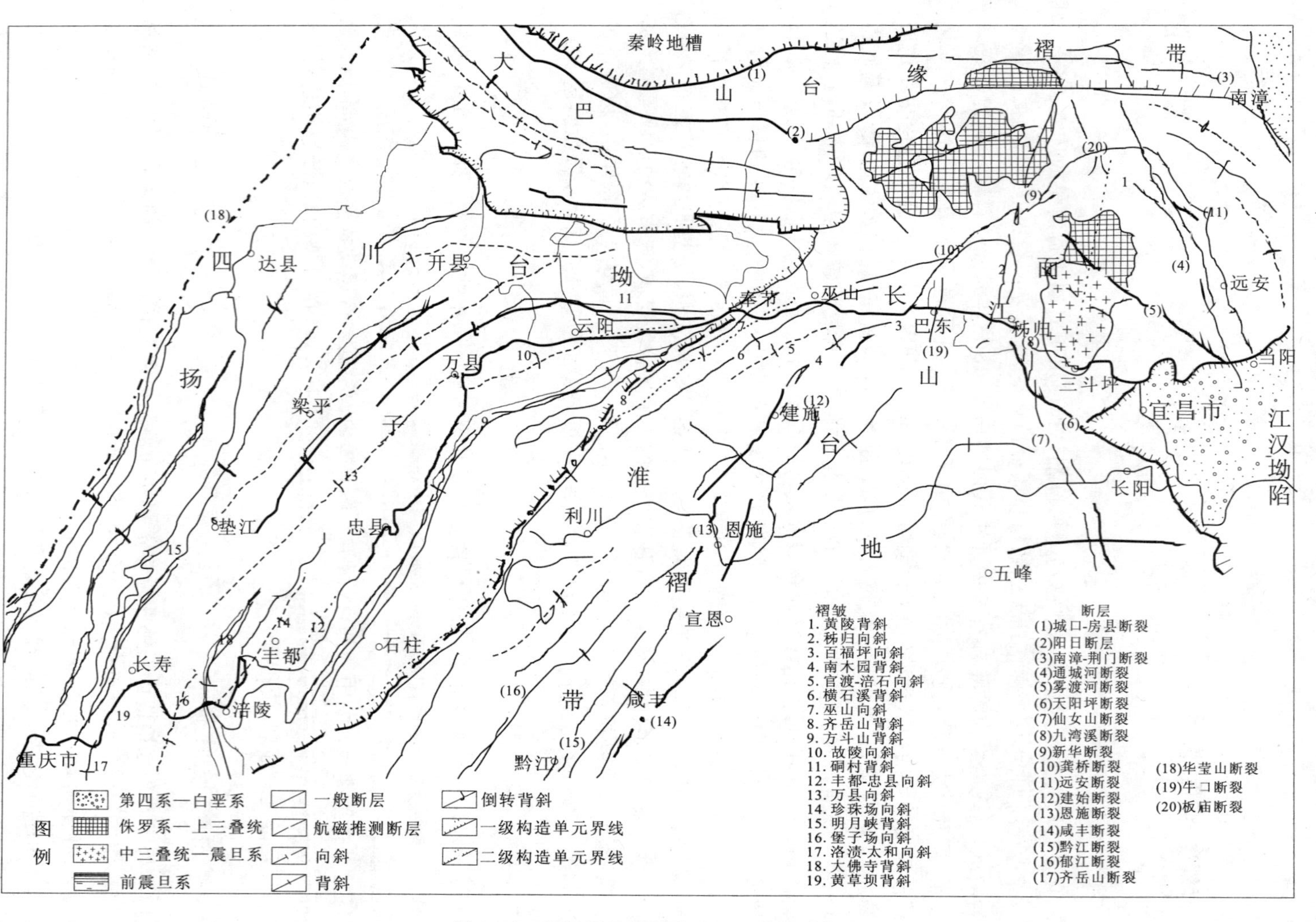

图 3-1　秭归县及其周边地区区域地质构造

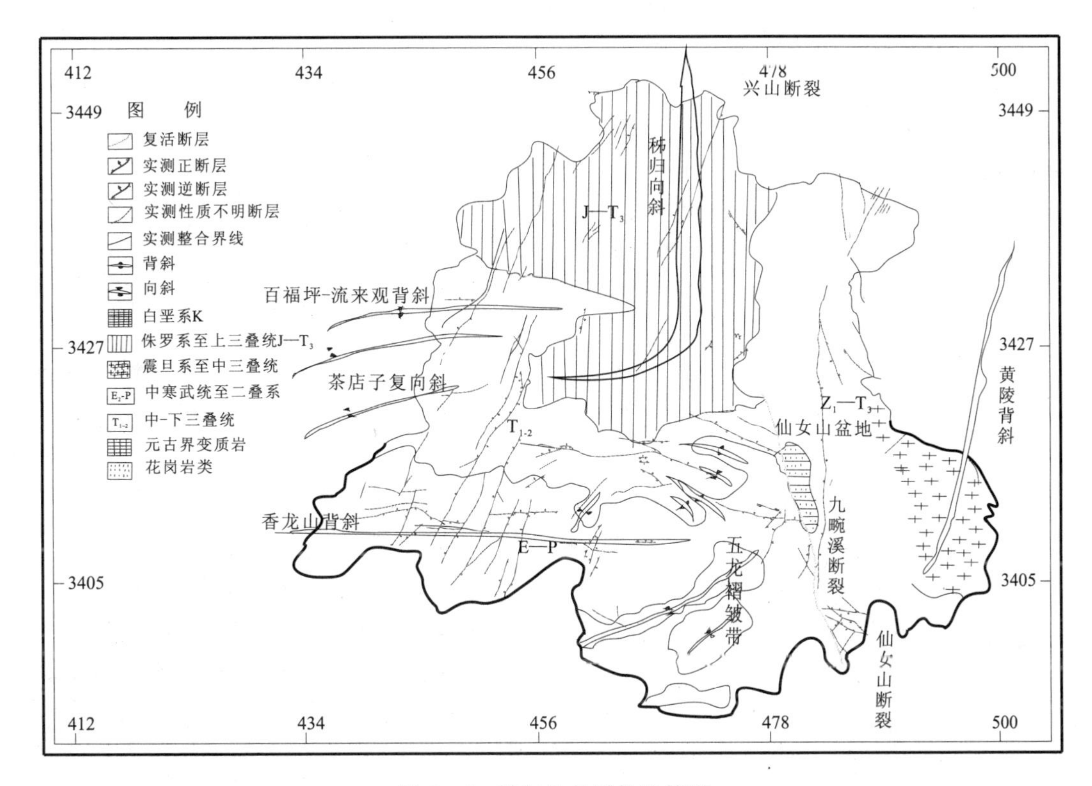

图 3 - 2 秭归县地质构造简图

性断裂组成，主要构造形迹为黄陵背斜、秭归向斜；近南北向构造主要由仙女山断裂和九畹溪断裂组成，近平行向展布。县境内主要构造形迹及特征见表 3 - 2、表 3 - 3。

县境内断裂主要有 3 组。

(一)北北东向—近南北向断裂组

该断裂组主要分布在西部香龙山背斜和东部秭归向斜地段，以西部最为发育、集中，且规模较大，最大可延伸 40 余千米，一般为 15～20km，常呈等距线性排列，主要倾向东，倾角陡，均在 70°以上，其水平错动表现明显，沿断层线存在宽窄不等的破碎带，一般宽 10～20m，局部宽达 50m。

(二)近东西向断裂

该断裂主要集中分布于香龙山背斜核部西段，一般平行或近平行褶皱轴向延伸，规模不等，最大延伸 30km，多为逆断层，倾向北，倾角 45°～65°，沿断层线断续发育数十米的破碎带。

(三)北西向断裂

该断裂分布于五龙褶皱带的东段，一般规模较小，常沿次级褶皱轴线平行展布，局部形成破碎带，以逆断层为主，断面倾向北东或南西，倾角 45°～65°不等。

表 3-2　秭归县地质构造形迹——褶皱特征表

褶皱名称	特征描述	轴向	两翼倾角		核部地层	两翼地层	备注
			S(E)翼	N(W)翼			
黄陵背斜	短轴对称背斜呈穹隆构造	北东 10°	东 10°～15°	西 30°～35°	Pt	Nh—T_2	区内为其西翼，长约 45km
秭归向斜	向斜轴呈 S 形的开阔对称向斜	近南北向，江南近东西向	东 30°以上	西 16°～30°	J_3p	T_3s—J_3c	呈环形盆地，轴向长 47km
香龙山背斜	短轴背斜呈穹隆构造	近东西向	南 8°～14°	北 40°	ϵ_2、O_1	O_2—P_2	沿翼部发育由三叠系中上统地层构成的短轴状背向斜
五龙褶皱带	轴向北西、北东转近东西向，呈鼻状，由 4 个向斜和 3 个背斜组成的弧形褶皱	北西向	南 22°	北 35°	S_1、T_1j	S_1、D、P、T_1d	其东南封闭，地层较平缓
百福坪-流来观背斜	东端倾伏，西端开阔的弧形褶皱	北东 85°	南 35°～50°	北 38°～54°	S	T	县境内仅见东端三叠系地层
茶店子复向斜	对称褶皱	北东 60°	南 20°	北 20°～30°	T_2	T_{1+2}	

表 3-3　秭归县地质构造形迹——断裂特征表

断裂名称	性质	主断面产状	长度(km)	两盘地层		主要特征描述
				南(或东)	北(或西)	
仙女山断裂	活动性断裂、顺扭	N15°～20°W/SW∠60°	约 90（县境内约 30）	T_1j—S	K_1s	断面见多方向擦痕，见角砾岩及少量断层泥、断层泉，方解石脉被错开，至今仍在活动
九畹溪断裂	张性	N10°E/NW∠40°	15	ϵ_1	O_{2+3}	以挤压为主，挤压破碎带宽 20～50m，具构造透镜体及片状构造

第五节　新构造运动与地震

一、新构造运动

秭归县所处的区域构造环境是一个稳定程度较高的地区，自前南华纪的晋宁运动以后直至中生代印支运动，区域地壳一直处于大面积微具振荡性的稳定沉降状态，经过中生代造山运动之后又趋于平稳。晚白垩世至新近系末，构造运动再次活跃，使新华夏系鄂西隆起带早期形迹继续发展，形成具有穿切能力的北北东向断裂，归并了包括黄陵背斜在内的老构造形迹。第四纪以来，地壳仍然处于间歇性整体隆起，而局部地面具有隆起与沉降的交替趋势，秭归县境内断裂产生一些差异性活动，仙女山断裂、九畹溪断裂都有轻微位移活动，年速率小于0.1mm，仙女山断裂为一系列雁行状断层组成的断层带，断层线平直，在地形上形成较明显的断层崖、断层峡谷，为岩崩多发区。

秭归县新构造运动为非强烈类型，其总的特点是，南津关以西(川东、鄂西、黔北、湘西北)的山地呈大面积间歇性隆升，并不断扩展，东部江汉平原相对下降，且不断退缩，二者转折线随之东移，其间形成一平缓的过渡地带；西部山地，由于上升的间歇性，普遍发育前述两期四级夷平面和多级河流阶地。

二、地震

据全国地震区带划分，秭归县位于长江中下游地震活动区的江汉地震带内，县境内除远离三斗坪坝区的湖南常德、湖北咸丰和竹山地区历史上曾发生过6～6.75级中强地震外，其余地区最高震级一般仅5级左右，属地震活动较弱的地震带。自有记载以来，县境内中强地震不多，未发生过6级以上地震，近期发生的最大地震为1979年5月22日秭归县龙会观5.1级地震，震中距长江仅8km。现今地震活动主要分布在黄陵背斜西侧的仙女山断裂带，呈北北东向及北东向展布，为潜在震源区，沿地震带微震活动较频繁，1959年迄今共记录到30次，最大震级为1972年3月秭归县周坪附近曾发生过的3.7级地震，震级上限6.5级。三峡蓄水后，有感地震明显增加。

根据国家地震局《中国地震烈度区划图》(1990，1∶4 000 000)，在50年超越概率为10%的条件下(相当于地震基本烈度)，秭归县绝大部分地震烈度为Ⅵ度和小于Ⅵ度区，整个三峡库坝区均处于Ⅵ度区。

第四章　水文地质条件

实习区——秭归县地处长江三峡的香溪、庙南宽谷，属中、低山区，雨量充沛，受大气降水的补给，地表径流量大，地下水亦比较丰富。

在秭归县境内黄陵背斜、秭归盆地以及岩溶发育的褶皱山地等各地质块体的地层中，都储存和运移着不同类型、不同富水程度的地下水。地下水的储存特征、运移规律等均受当地气象水文、地形地貌、地层岩性、地质构造以及当地排水基准面的控制。

第一节　地下水的赋存条件

依据秭归县境内各时代地层的空间展布特点及地下水资源的开采条件，可概括地划分为有供水意义的含水岩层（组）和无供水意义的相对隔水岩层（组）两大类（表 4-1）。含水岩层（组）是指具有大体相同含水特征的岩层组合（不局限地层时代）。

一、含水岩层（组）

秭归县境内含水岩层（组）可分为 4 类（表 4-1）：①松散岩类含水岩层（组）；②碎屑岩类含水岩层（组）；③碳酸盐岩类含水岩层（组）；④结晶岩类含水岩层（组）。

表 4-1　秭归县含水岩层（组）与相对隔水岩层（组）的划分表

<table>
<tr><th colspan="3">岩层（组）类型</th><th>地层代号</th><th>富水性</th><th>地下水径流模数
[L/(s · km²)]</th></tr>
<tr><td rowspan="6">含水岩层（组）</td><td colspan="2">松散岩类含水岩层（组）</td><td>Q</td><td>弱</td><td>＜10</td></tr>
<tr><td colspan="2">碎屑岩类含水岩层（组）</td><td>Nh_1l、D_{2+3}、T_3、J、K_1</td><td>弱</td><td>6.53</td></tr>
<tr><td colspan="2">结晶岩类含水岩层（组）</td><td>ArK、γ</td><td>弱</td><td>7.46</td></tr>
<tr><td rowspan="3">碳酸盐岩类含水岩层（组）</td><td rowspan="2">碳酸盐岩含水岩层（组）</td><td>Z_2dy、$\in_1sl$、$\in_{2+3}$、O_1、C_2h、P_1q、P_1m、P_2c、T_1</td><td>强</td><td>＞20</td></tr>
<tr><td>C_2d、$T_2b^{1,3,5}$</td><td>中</td><td>10～20</td></tr>
<tr><td>碳酸盐岩夹碎屑岩含水岩层（组）</td><td>Z_1d、$\in_1sh$、$\in_1t$、O_{2+3}</td><td>弱</td><td>＜10</td></tr>
<tr><td colspan="3">相对隔水岩层（组）</td><td>Nh_2n、$\in_1s$、S、P_1l、P_2w、$T_2b^{2,4}$</td><td>极弱</td><td>＜1</td></tr>
</table>

这些含水岩层(组)赋存地下水的条件大不相同:松散岩类含水岩层(组)孔隙发育,分布均匀,连通良好,含水条件好;碳酸盐岩类含水岩层(组)岩溶发育强烈,含水条件良好;碎屑岩类含水岩层(组)裂隙不甚发育,含水条件较差;结晶岩类含水岩层(组)仅仅在风化带内发育网状裂隙,含水条件差。

二、相对隔水岩层(组)

秭归县境内非含水岩组主要包括南华系上统南沱组(Nh_2n),寒武系下统水井沱组($\in_1s$),志留系(S),二叠系下统梁山组(P_1l)、上统吴家坪组(P_2w),三叠系中统巴东组二、四段($T_2b^{2,4}$),为相对隔水层。

上述地层中的泥岩、页岩、页岩夹砂泥岩,在一定程度上均具有隔水性,尤其是分布厚度大、连续性好的地段,总体上相对上述含水(透水)地层而言,具有很好的阻隔地下水运动的作用,往往在这些地层与透水层接触部位发育泉水,岩溶作用也受到这类地层结构的影响。寒武系下统水井沱组($\in_1s$)和志留系(S)中分布的厚层页岩、泥岩,具有区域上的隔水意义。

非含水岩层(组)分布区,也接受大气降水补给,入渗系数约为0.002 1。只有砂岩中含少量裂隙水,以泉的形式出露,泉流量小于1L/s,地下水径流模数小于1L/(s·km^2),属弱富水岩层。

第二节　地下水的赋存类型

根据地下水赋存条件的不同,县境内的地下水可划分为4种不同的类型:松散岩类孔隙水、碎屑岩类孔隙裂隙水、结晶岩类裂隙水、碳酸盐岩类裂隙岩溶水。

一、松散岩类孔隙水

松散岩类孔隙水主要在县境内长江及其支流的河谷和山坡、山涧洼地零星分布。含水岩层(组)为各类成因的第四系(Q)松散堆积物,岩性为黏性土,砂质粉土,砂、砾卵石等。因其堆积物分布厚度和范围、形成原因以及所处地形条件不同而赋水程度不同。

松散堆积物组成的孔隙含水层,一般赋存潜水;地下水埋藏浅,主要接受大气降水和下伏裂隙水或岩溶水的补给;由于受孔隙含水层展布范围的限制,地下水渗流途径短,部分下渗到基岩中,部分在地形低洼处或接触带上以面状或泉点形式溢出地表,泉流量小于0.5L/s,动态不稳定,受季节变化的影响较大;属弱富水岩层。

松散堆积物分布区,多为农田,故孔隙含水层易被污染。

二、碎屑岩类孔隙裂隙水

(一)层间孔隙裂隙水

层间孔隙裂隙水主要分布在黄陵背斜西翼、香炉山背斜两翼以及秭归盆地一带。含水岩层(组)为南华系下统莲沱组(Nh_1l)、泥盆系中上统(D_{2+3})、三叠系上统(T_3)、侏罗系(J)和白垩系下统(K_1)，岩性主要由砂岩、泥岩组成。

赋存在由砂岩、泥岩组成的孔隙裂隙含水层的地下水，接受大气降水补给，并在层间裂隙中以脉状水流形式运动，大多呈无压流流动，在沟谷、地形低洼处或接触带上以片状漫浸或泉水形式流出。例如，泥盆系石英砂岩上覆黄龙灰岩和梁山页岩夹煤层，下伏志留系砂页岩，与其他含水层基本无水力联系(图 4-1)。有的层位透水砂岩与相对隔水层呈夹层状结构，裂隙岩体成为层间含水体，如侏罗系的砂泥(页)岩互层结构，地下水沿层间含水介质渗流，具有承压性，承压水高度为 1～20m 不等，有的高达 49m。

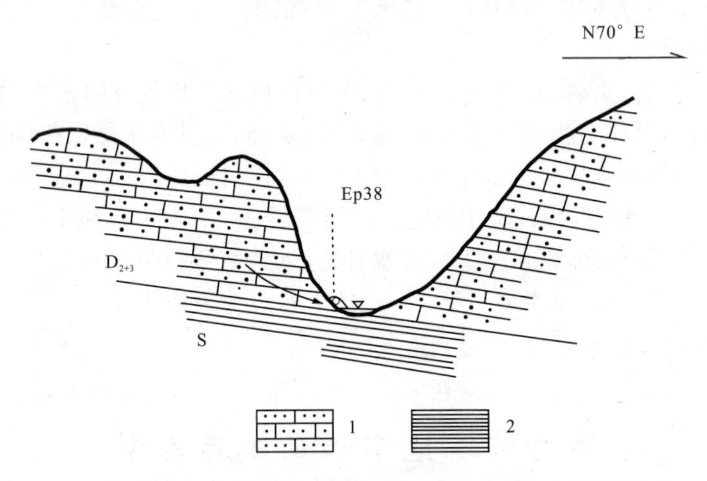

图 4-1 香炉山北翼构造裂隙水(D_{2+3})与相对隔水岩层(S)及当地排水基准面(溪沟)关系示意图

1. 砂岩；2. 页岩

孔隙裂隙含水层中出露的泉流量一般较少，小于 1L/s，单井涌出量为 100～500t/d，地下径流模数小于 $10L/(s \cdot km^2)$，地下水位变动大，属弱富水岩层。在秭归盆地一带主要含水层位香溪组地层深埋于向斜底部，因秭归向斜地应力相对微弱，断裂亦不发达，水量较小。

地下水化学类型为重碳酸钙镁型，pH 值为 5.6～8.3，矿化度为 0.03～0.6g/L；水质好，可供人畜饮用及农田灌溉。

(二)构造裂隙水

仙女山、天阳坪两条活动性断裂带，为地下水富集带，轻度角砾岩化，岩石裂隙发育，另外由于断裂带中的压型张性断裂，充填胶结较差，透水良好，所以有利于地下水的富集。荒口至老林河(仙女山断裂)和老林河至天阳坪(天阳坪断裂)两地段，均见泉水沿断裂带成排出露，泉流量一般小于 5L/s，大者达 80L/s。

县境内其他各断裂带的富水性，不如上述两条活动性断裂明显。

三、结晶岩类裂隙水

结晶岩类裂隙水主要见于县境内东部的兰陵溪、曲溪、茅坪等地。含水介质为崆岭群地层及侵入其中的岩体，为一套古老的结晶杂岩，由结晶片岩、片麻岩、大理岩、花岗岩、闪长岩体等组成，属含水极弱地层。

在老构造变形的基础上，燕山期的地壳变动使其定型为淮阳山字形西翼反射弧（凹面）的脊柱（黄陵背斜核部），这个特定的构造部位，使结晶杂岩对地应力主要集中在表层。结晶岩发育多组构造裂隙：结晶杂岩表层，在近东西向压应力作用下，北北东压性断裂、北西西和北东东两组张性断裂及缓倾角断裂较发育；同时，在外营力作用下，风化作用强烈，岩体表层形成10～50m厚的风化壳，风化分带性十分明显，由岩体表层至深部依次为全风化、强风化、中风化和微风化4个带。风化壳中存在大量网状裂隙，大气降水入渗赋存于裂隙及断层中，形成裂隙水，其中弱风化带以上岩体是主要含水体，由于褶皱、断裂向深部迅速减弱，新鲜岩体空隙发育少，且开启性不好，造成地下水在深部的富集和运移条件极差：含水性微弱，基本不透水。地下水沿裂隙向附近沟谷及低洼处渗流，并以面状或点泉形式排泄。地下水动力类型如图4-2所示。

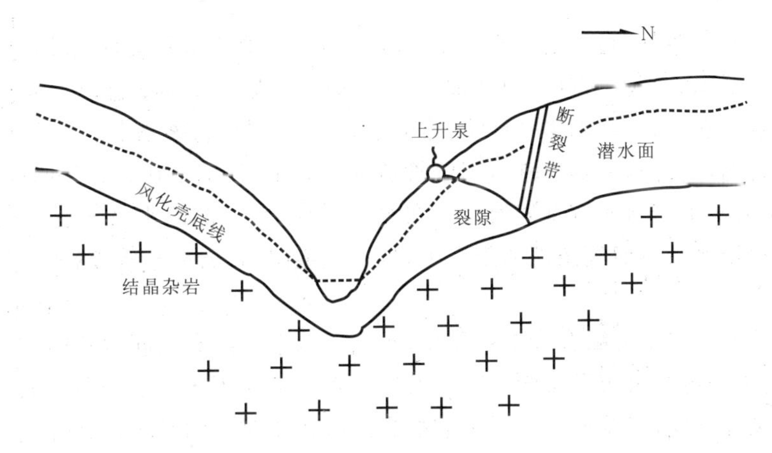

图4-2　黄陵背斜结晶杂岩风化带网状裂隙水动力示意图

（结晶杂岩风化壳地下水在包气带内运动，沿构造裂隙向当地排水基准面排泄）

赋存在结晶杂岩风化带网状裂隙含水层中的地下水，主要接受大气降水补给，多年平均入渗系数为0.208，径流条件较好，泉的流量一般小于10.5L/s，泉流量受季节的变化影响较大，中等干旱年，部分泉会出现干枯；地下径流模数为7.46L/(s·km^2)，属弱富水岩体。

地下水化学类型为重碳酸钙镁型，pH值为5.9～8，矿化度为0.017～0.13g/L；主要用于人畜饮用及部分农田灌溉；地下水埋藏深度小于50m，易于开发利用。

四、碳酸盐岩类裂隙岩溶水

（一）岩溶分布和发育规律

碳酸盐岩类岩石在秭归县境内广泛分布，以灰岩、白云岩为主，次为砂质白云岩、泥质灰岩、灰岩夹碎屑岩。

燕山期的构造运动，使黄陵背斜、香炉山背斜等构造部位变形剧烈，裂隙发育。在漫长的地质历史发展过程中，地下水循环作用造成碳酸盐岩的岩溶强烈发育，秭归县境内各种岩溶形态广泛分布。岩溶个体形态常见的有：溶槽、溶沟、岩溶洼地、坡立谷、溶蚀槽谷、岩溶湖、落水洞、岩溶漏斗、溶洞、暗河、天窗、伏流、岩溶泉等。这些岩溶形态，显示着地下水在碳酸盐岩中的溶蚀过程、赋存条件和运动状态。

地下水对碳酸盐岩的溶蚀作用，因岩石的成分、组合关系不同，其溶解程度有很大差别：溶解速度最快的是纯灰岩（如黄龙组、栖霞组、大冶组、嘉陵江组等地层的灰岩），其成分以方解石为主，占80%～90%；含二氧化硅甚少，占5%以下；空隙大，夹碎屑岩少（5%～20%）；相对溶解速度快，为0.7～1.3。其次，溶解速度较快的是白云岩类岩石。再次，为泥灰岩、碳酸盐岩夹碎屑岩。

碳酸盐岩与碎屑岩的不同比例组合，其岩溶发育程度亦不同。县境内厚度比较大的碎屑岩（如志留系砂页岩），控制了岩溶的发育，因而在其与灰岩的接触带常有大型暗河、岩溶泉等出露。地下水对碳酸盐岩的溶解作用，是在岩层的构造裂隙或层间裂隙中进行的。而岩层裂隙的展布方向和张开程度随着所处构造部位不同而不同，它控制着岩溶的发育方向、形态特征和发育的程度。

地下水循环交替条件，是岩溶发育的重要控制因素。地下水各交替循环带，发育着不同的岩溶景观和个体形态，在包气带内（包括部分地表水的溶蚀作用）垂直循环至带内，形成各级剥夷面的岩溶景观。在一、二级剥夷平面上，常有岩溶洼地、漏斗、落水洞、岩溶湖等个体岩溶形态发育。在垂直循环带内，主要以垂直岩溶管道发育为主，特别是在二、三、四级剥夷面或其陡坡接触部位，形成地下暗河或大型岩溶泉。在水平循环带，岩溶以水平岩溶管道发育为主，在有隔水层和当地排泄基准面等条件的配合下，见有大型暗河、岩溶泉等出露。深部循环带岩溶现象少见。

地下水在碳酸盐岩中的赋存和溶解作用，扩大了构造裂隙和层间裂隙的张开程度，打开了运动的通道，促进了各类岩溶形态的发育和发展。随着地壳历次变动和现代地壳上升、河谷急剧下切等具体条件不同，以及地下水对碳酸盐岩溶解作用时间的延续，反映出岩溶发育的各向异性和发展过程中的继承性及垂直分带性。

综上所述：岩溶发育受岩性、构造、地貌、地下水的活动所控制。前三者的空间展布状态，由于具体配置条件的不同，在地下水的溶蚀作用下，各地岩溶发育程度有所不同，反映出了岩溶分布的差异性。地下水循环分带性及其随地壳上升、河谷深切的变动，反映出岩溶垂直方向发育过程中的继承性及垂直分带性。

（二）岩溶水特征

秭归县境内碳酸盐岩因其岩性差异、岩层结构以及地形条件的差异，岩溶化程度有显著差别。依据岩溶化差异将碳酸盐岩类裂隙岩溶水划分为两个亚类：碳酸盐岩裂隙岩溶水和碳酸盐岩夹碎屑岩裂隙岩溶水。

1. 碳酸盐岩裂隙岩溶水

本亚类地下水所在含水层的富水性分强、中等两级。

1）强富水岩层

强富水岩层主要发育在江南青干河流域的磨坪、两河口，九畹溪流域的杨林桥、芝兰以及泗溪流域等地，岩溶发育比较强烈。含水介质为震旦系上统灯影组（Z_2dy），寒武系下统石龙洞组（$\in_1 sl$）和中上统（$\in_{2+3}$），奥陶系下统（O_1），石炭系上统黄龙组（C_2h），二叠系下统栖霞组

(P_1q)、茅口组(P_1m)和上统长兴组(P_2c),三叠系下统(T_1)等地层,岩性为相对稳定的、厚度较大的白云岩、白云质灰岩及灰岩。

质地较纯的灰岩组成的岩溶含水层中的地下水接受大气降水补给,在其岩体裂隙及岩溶管道中以脉状、管状流形式流动,在沟谷或地形低洼处、接触带处大多以泉的形式流出。在一定条件下,岩溶含水层可形成独立的岩溶系统及补、径、排一体的水文地质单元。

在地壳大面积继承性隆起和长江深切的条件下,岩溶含水层中地下暗河强烈发育,属强富水岩层。暗河主干展布在地下水循环带的季节变动带或水平循环带内,发育有3种情况:第一种是大气降水直接渗入暗河,暗河逐渐扩大,地下水呈管洞流状态;第二种是大气降水通过落水洞或裂隙渗入地下,以脉状岩溶泉形式出露地表,经短暂地表(小型岩溶洼地)径流,再进入宽大地下暗河,地下水呈脉-洞状态;第三种属伏流或暗河,地表水在地下伏流过程中汇集地下水。这一地区暗河流量达100～1 000L/s,泉流量达50～100L/s,地下径流模数大于20L/(s·km^2),暗河、溶洞泉的总流量约占本类型泉水总流量的97%,地下水埋深一般大于100m。

地下水在垂直循环带或水平循环带内运动的过程中,常切穿各组灰岩地层,汇集于各向斜轴部、背斜的两翼、隔水岩层界面、深切溪沟等处,以岩溶泉的形式出露地表,且常集成大型岩溶泉,其流量达30L/s以上。地下水渗流场类型常见的有:向斜谷地汇流排水型、背斜山地分流排水型、单斜山地同向排水型(纵谷)、单斜山地汇流排水型(横谷)4种。

由于这一地区岩溶发育,河谷深切,泉水出露高;出露低的绝大部分直接补给长江;水质好,主要用于人畜饮用和灌溉部分农田。

2)中等富水岩层

秭归县境内由白云质灰岩和泥灰岩组成碳酸盐岩裂隙岩溶水的中等富水地段,包括石炭系上统大埔组(C_2d),三叠系中统巴东组一、三、五段($T_2b^{1,3,5}$)地层,岩性为灰岩,含较多泥质,岩溶中等发育,中等富水性,泉流量10～50L/s,地下水径流模数10～20L/(s·km^2),地下水埋深一般大于100m。

碳酸盐岩裂隙岩溶水的化学类型均为重碳酸钙镁型,pH值为5.6～8.5,矿化度为0.08～0.47g/L。

2. 碳酸盐岩夹碎屑岩裂隙岩溶水

碳酸盐岩夹碎屑岩裂隙岩溶水分布于庙河等地,含水介质为南华系上统陡山沱组(Z_1d),寒武系下统石牌组($\in_1 sh$)、天河板组($\in_1 t$),奥陶系中上统(O_{2+3})的地层,可溶性岩石和非可溶性岩石夹层或互层,岩溶发育受地层结构影响,岩溶欠发育,含裂隙岩溶水;含水层中出露的泉的流量为1～10L/s,水量、水位变化大,地下水径流模数小于10L/(s·km^2),水质良好,属弱富水岩层。

第三节　地下水的补径排条件

一个地区地下水的补径排系统受当地地表水文网、地形条件、含水(隔水)层结构以及岩溶发育程度等控制。长江是秭归县当地地表及地下水最低一级排泄基准面,长江秭归段的次级水系茅坪河、九畹溪、龙马溪、香溪河、童庄河、吒溪河、青干河及泄滩河等是当地次一级的排泄基准面。由长江及其支流所构成的秭归县地表水文网在很大程度上控制了当地地下水的补径排条件。

一、地下水的补给

秭归县境内地下水的成生条件与当地的气象水文、地形地貌、含水岩层(组)的岩性及构造条件的不同有很大关系,其赋存量随时间亦有很大的变化。

秭归县地下水的成生来源,明显地受各地段大气降雨量的影响,并且在大气降水的丰水年、干旱年以及平水期、枯季都有所变化。

秭归县境内地下水的补给绝大部分来自大气降水。县境南北边界大致为本段长江的分水岭,因此县境内的大气降水量扣除少量蒸发后为当地地下水和地表水径流量的总和。

从地形条件来看,秭归县大气降水补给大致以九畹溪、童庄河等支流水系分隔为几个河间地块,形成几大补给域,大气降水分别由广大斜坡地段或山涧洼地等补给地下,转化为地下水而向几条沟谷或支沟渗出。从地貌条件上看,在童庄河与九畹溪之间的地块(老虎石—白云山、大玉山—仙女山、峰火山—后板槽)以及九畹溪与茅坪溪之间的地块(风草坳—柴树场—何家屋场—龙洞坪—高家坡—仙女山)等河间高分水岭地块间,存有许多洼地,有利于汇集大量降水补给地下。

在秭归县境内,同时也存在山前河旁小范围短时间的河水补给地下水的情况,也可能存在含水层之间因隔水层中断而产生相互补给的情况,因其太复杂,无法对这些补给情况予以确定。

二、地下水的径流

秭归县地形地貌、地层岩性、地质构造十分复杂,径流条件亦十分复杂,总体上地下水由地形较高处流向河谷,尤其在岩溶泉区集中排泄,是地下水径流的主要去向。

三、地下水的排泄

在秭归县境内,泉是地下水排泄的天然露头和主要形式。县境内出露大量泉水,流量较大者可达100L/s,大多几升每秒至几十升每秒不等。在地下水径流方向受隔水层阻隔作用,于地形相对低洼处溢出地表,从而形成溢流下降泉;或在地形低洼处自然溢出地表形成侵蚀下降泉,秭归县大部分泉属于这两种形式。还有部分地段地下水沿导水断层流动,在地形高度低于测压水位处涌溢地表,或在地形低洼处自然流出地表,形成断层泉。泉水流量动态、水质受季节性降水影响,有的变动幅度较大,个别补给区远、补给域大的泉水动态变化相对小一些。泉水出露点大多发育在灰岩区,溢出点发育溶洞或宽大溶隙,成为岩溶泉。

在没有集中排泄点的地段,多数情况下,地下水沿河谷岸边分散排入地表水体,成面状或线状渗出,或有小的渗出点,或形成润湿带。县境内几条深切沟谷河水面附近很多地段存在这种排泄方式。

总之,县境内地下水的排泄去向是补给地表水,而且二者关系极为密切:地表河流的径流量为地下水和地表水径流量的总和;而地表河流的枯季径流量亦可视为地下水径流量。

第五章　主要地质环境问题

实习区——秭归县地处三峡水库大坝上库首，属典型的峡江河谷山区县，地质环境脆弱，人与自然和谐共处的协调能力亦非常脆弱。随着县域经济的快速发展和人类活动强度的不断加大，人口、资源、环境的矛盾日渐突出，对当地地质环境的影响越来越大，地质环境问题日趋严重。

第一节　缓变性地质环境问题

秭归县存在的缓变性地质环境问题主要包括水土流失、水土污染两类。

一、水土流失

（一）水土流失状况

秭归县是水土流失十分严重的地区。经过多年治理，水土流失面积逐年减少。水土流失面积由1982年的2 148.7km^2下降到2000年的1 335.92km^2，占全县总面积的55.04%（表5－1），其中坡耕地流失面积326.27km^2，占全县水土流失总面积的23.42%；年土壤侵蚀量420×10^4t，平均侵蚀模数3 150t/(km^2·a)。

根据土壤侵蚀强度分级标准，2000年秭归县水土流失总面积1 335.92km^2，其中轻度侵蚀面积769.82km^2，占水土流失总面积的57.62%；中度侵蚀面积485.38km^2，占水土流失总面积的36.33%；强度侵蚀面积78.64km^2，占水土流失总面积的5.89%；极强度侵蚀面积2.08km^2，占水土流失总面积的0.16%（表5－1，图5－1）。

表5－1　2000年秭归县土壤侵蚀调查表

是否发生流失	流失强度	面积(km^2)	比例(%)
不发生流失	微度	1 091.08	44.96
发生流失	轻度	769.82	55.04
	中度	485.38	
	强度	78.64	
	极强度	2.08	
合计		2 427.00	100.00

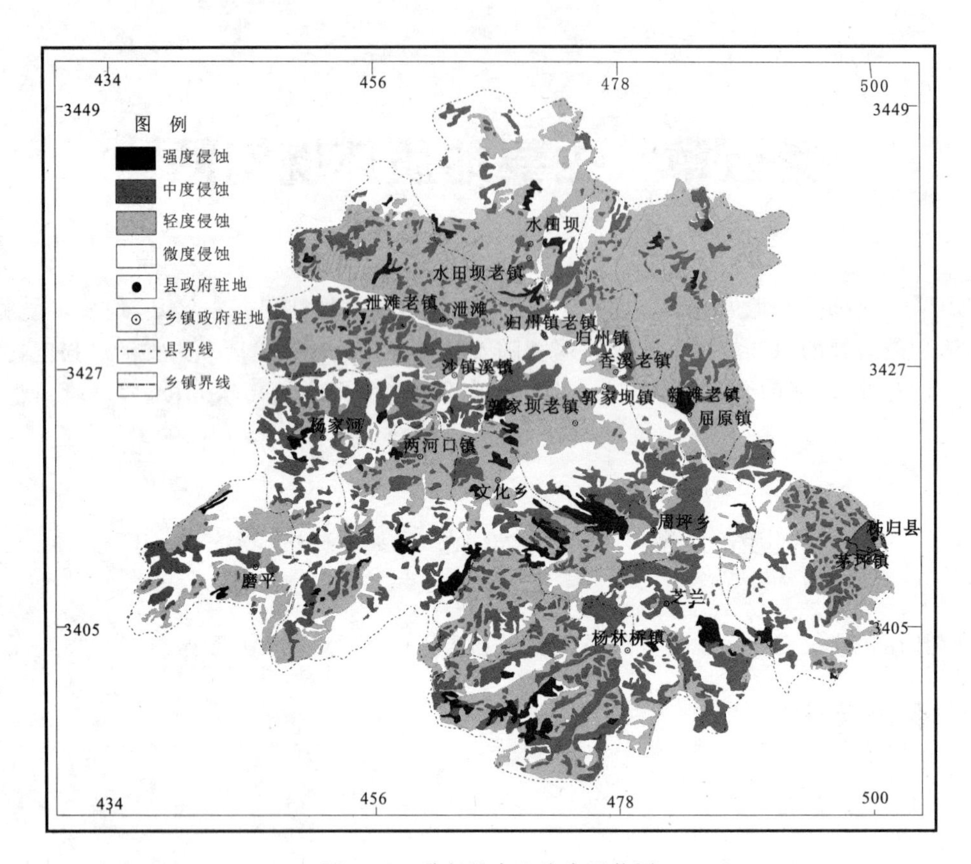

图 5-1　秭归县水土流失现状图

(二)水土流失的形式

1. 水力侵蚀

水力侵蚀是秭归县水土流失的重要类型。县境内山大坡陡，地表破碎，土层瘠薄，每降暴雨，山洪暴发，致使大批农田土壤被大水冲走。

2. 重力侵蚀

秭归县喀斯特发育，呈裸露型溶蚀现象，三叠系灰岩中形成溶洞、落水洞、暗河等，常导致地面塌陷和山体变形；软硬岩层在流水的作用下形成溶蚀裂缝、冲沟，一旦岩层重力失去平衡，便发生岩崩、滑坡等重力侵蚀。

3. 人为侵蚀

新中国成立初期，秭归县森林覆盖率为40%，后因刀耕火种，毁林开荒，乱砍滥伐，致使地面植被减少，部分青山变成秃地，地表抗侵蚀能力大为减弱，导致水土流失发生；在平时的生产建设活动中，乱挖滥采、乱弃渣石及不合理开发利用水土资源，使自然环境失去平衡，造成水土流失。

(三)水土流失的成因分析

造成秭归县水土流失严重的因素主要有自然和人为两大因素。

1. 自然因素

1)气候因素

夏季是秭归县暴雨的极盛时期,热带西太平洋高压由西入境,构成高温伏旱天气,同时又将南海及孟加拉湾一带的温湿空气带到三峡库区上空,为降雨提供了水气来源,导致暖湿气流在库区环流而形成暴雨、洪灾。雨热同季、暴雨集中、历时短、强度大是造成土壤侵蚀的主要因素。

2)地质地貌因素

秭归县地处川鄂褶皱与八面山坳会合的过渡地带,由古代"秭归湖"凸起而成,东部为黄陵背斜,西部为秭归向斜,地壳物质多属于不良地质体。县境内地势起伏,沟壑纵横,高差悬殊,地形破碎,岩性软弱,加上侏罗系紫色砂、页岩分布面积广,极易受到水蚀,山势越陡,侵蚀越严重;对于发育断裂带的岩层,在水力及重力侵蚀作用下,更易引起泥石流、滑坡,造成严重的水土流失。

3)土壤因素

秭归县境内的地带性土壤主要有黄壤、黄棕壤和棕壤,非地带性土壤主要有紫色土、石灰土、水稻土、潮土等。黄壤、黄棕壤与石灰土一般质地黏重,透水性差,易于产生地表径流,抗侵蚀性能弱,极易造成水土流失;而在紫色砂泥岩地区发育的紫色土和风化花岗岩地区发育的粗滑土透水性虽较好,但土层较浅薄且土颗粒之间的黏结力小,在失去植被保护、降雨较大的情况下,亦易产生强烈侵蚀。

4)植被因素

秭归县森林覆盖率由解放初期的40%下降到20世纪80年代初的23.6%,虽然近年来加大了生态植被建设力度,但恢复植被是一个漫长的过程,加之放牧垦殖和重造轻管,许多采伐迹地裸露和低盖度疏幼地等演变成荒地;一些支流沿岸的植被,由于交通、建筑等生产项目的建设,几乎毁坏殆尽,植被的稀少增加了雨水对地表的冲刷,加剧了水土流失。

2. 人为因素

1)保护意识淡薄

秭归县当地居民缺乏水保、环保意识,毁林开荒、乱砍林木、刀耕火种、陡坡耕种、顺坡种植随意性大;开矿、修路、办厂不依法制定水土保持方案,不采取有效措施防止水土流失。这些乱采滥挖、乱堆滥倾,以牺牲环境为代价,谋求短期、眼前、局部利益和重治轻管等不合理的生产活动,造成了"越穷越垦、越垦越穷""一方治理,多方破坏""边治理、边破坏"的恶性循环,使地貌惨遭破坏,土壤石化,地力下降,水土流失加剧。

2)坡地耕种导致的水土流失

秭归县山区农村生产力水平低下,耕地资源不足,当地居民以垦种坡地、广种薄收来满足粮食之需。三峡水库的修建致使秭归沿江淹没区绝大多数移民就地后上移安置到更高更陡的山区。然而,山区每增加1人,相应需增加坡耕地1.75~2.35亩。山区人口增加的后果是垦殖率越来越高、垦殖坡度越来越陡、土壤侵蚀成倍增加、土地质量明显下降。据调查,秭归全县坡耕地面积占总耕地面积的70%以上，其中大于25°以上陡坡耕地占总耕地面积的30%，有的耕作坡度达60°左右。坡耕地土层浅、砾石量多、酸碱重、保水保土保肥性能差，土地效力低下，迫使当地居民进一步扩大陡坡垦殖，进而导致新的水土流失，形成了土地贫瘠→乱挖滥垦→水土流失→土地贫瘠的恶性循环。

3)生产建设项目造成的水土流失

在秭归县，随着山区经济的发展以及交通、建筑、矿业、水电工程等部门在开采、基建作业过程中，不制定水土保持方案、不采取有效的水土保持措施，随意弃置废土、废石、矿渣，造成新的人为水土流失。据2002年调查，全县生产建设项目造成新的水土流失面积达23.82km^2，弃土、弃渣达8 108×10^4m^2，占国家下达全县年度水土保持防治计划的68.9%，需要再投入治理资金1 890万元。

(四)水土流失的危害

1. 土壤退化、地力减弱

水土流失带走地表土壤营养物，使地力下降。由于强烈的侵蚀作用，使得耕地表层土壤中的细粒和有机质流失，以至土层变薄，质地越来越粗，肥力下降，土地退化变贫瘠，生产力衰退。秭归全县每年随降水推移到坡脚、河谷、江河的泥沙达420.8万t，相当于流失厚20cm土层的农田1.4万亩；侵蚀作用使全县每年耕地流失有机质29万t，氮素156万t，全磷86万t，速效钾223万t，水分3 700万m^3。

2. 破坏环境

水土流失破坏环境主要体现在以下几个方面。

流失区：①切割、蚕食田地，岩溶地区逐渐石漠化；②破坏水利设施、损毁道路，破坏农业生产基本条件。

堆积区：①导致中、下游地区河床淤高、阻塞河道，淤积和埋压田地，成为水库泥沙的主要源地之一；②随水土流失的氮磷等营养物质进入水库，从而加重了库区水体的营养负荷。

二、水土污染

三峡工程的兴建极大地带动了秭归县库区的社会和经济发展，同时也产生了日趋严重的水土环境污染问题。

(一)水土污染现状

在排入三峡库区的各类污染物中，面源污染是三峡库区水体中氮、磷等营养物质的最主要来源：库区水体中主要污染物的等标负荷百分比中，面源污染物占到70%之多，可见农业面源已成为影响库区水质的最大污染源。秭归县农村面源污染每年约有6×10^4t氮磷等营养物质进入库区水体，极大地增加了库区水体的营养负荷。

(二)水土污染的来源

秭归县水土污染，呈现出多元化的污染作用路径，主要有化肥和农药污染、畜禽养殖污染、农田废弃物污染、农村生活垃圾污染等。

1. 化肥和农药污染

三峡水库的建成蓄水淹没了秭归长江沿线的大量土地，淹没区绝大部分移民就地后靠上移安置，为了生存，为了增加粮食收入，缓解人地矛盾，满足基本生活需求，不得不在更高更陡的斜坡上开垦田地。然而新垦田地肥力差，为增加单位面积的粮食产量，农民不得不大量增施化肥农药，以增加单位面积的粮食产量。新垦田地的保水保肥能力非常差，施加的化肥和农药极易流失，每年农田养分被植物利用的比例很小：氮肥的利用率仅为30%～35%，磷肥为10%～20%，钾肥为35%～50%；剩余的养分通过各种途径，如径流、淋溶、反硝化、吸附和侵蚀等进入水土环境中，造成面源污染。

在秭归县，农用化学品投入量逐年上升，有机磷农药占农药施用总量的一半。用药次数和用量超标、施药技术落后等致使大部分喷洒于作物的农药利用效率低下，绝大部分流失到水土环境中，造成面源污染。

2. 畜禽养殖污染

秭归县近年来大力发展畜牧业，畜禽养殖特别是规模化养殖场已成为农村面源污染的重要污染源，并成为危害农村居民生活环境的重要因素。

畜禽排泄物对水土环境的污染主要通过两种途径。

1）畜禽粪尿随意堆放

畜禽粪尿被作为肥料施用于农田，由于降雨和不当的农田水肥管理导致相当部分氮、磷等营养物质流失。多数养猪、牛、羊、鸡户没有专门处理畜禽粪尿的粪坑，直接将畜禽粪尿和部分青草随意堆置在房前屋后和道路两旁，腐熟后用作肥料。畜禽粪尿产生的连续性和农业施肥的间断性差异，不可能及时用于农田，如此长期堆放，畜禽粪尿污染随雨水到处流淌，使地表水体和土地受到严重污染。

2）畜禽粪尿资源化利用率低

大部分规模化养殖场没有建立配套的粪尿处理设施，粪尿未经无公害化处理直接排入地表水体。

据估算，秭归县每年的畜禽粪尿排放量超过3 000t，且大部分未经处理直接利用排入水土环境中。随着养殖水平的提高、规模养殖的兴起，畜禽粪尿的排放量将进一步增大，农业面源污染将更为严重。

3. 农田废弃物污染

农田废弃物污染主要有农膜和秸秆两类。

（1）农膜覆盖种植是现代农业的一种先进种植方式，农膜具有优化栽培条件，抵御不良气候，保湿保温保土的作用，使农作物早熟、增产、高质。因使用农膜的优势明显，地膜覆盖栽培技术在秭归县得到了大面积使用，但是地膜没有很好地进行回收利用，据测算，秭归县每年农膜使用量都在1 500t以上，约20%留在农田中造成污染：残留在耕作层中的地膜，改变了土壤结构，使土壤保水能力和通透性降低，造成土壤肥力下降，影响农作物根系的生长，既导致农作物减产减质，又会形成不同程度的“白色”污染，严重地破坏了当地的生态环境。

（2）秭归县以农业经济为主，主要粮食和经济作物为水稻、小麦、玉米、高粱等。农作物秸秆产生量非常大，但资源化利用非常低，每年夏、秋两季大量的秸秆随意堆放在田间地头、路边树旁，得不到及时妥善处理，大部分被直接焚烧或抛弃于农田，造成农田秸秆面源污染。

4. 农村生活垃圾污染

秭归县库区人口集中，农村居民生活垃圾排放量大，但由于村镇生活垃圾处理设施缺乏，因此处理率很低(农村生活污水处理率不足10%，生活垃圾的无害化处理率仅为约10%)。另外，大部分农村居民环保意识低下，随意倾倒生活垃圾、肆意排放生活污水已是司空见惯的事情，造成农村部分地区蚊蝇猖獗、臭气熏天、污水横流的现象十分严重。生活垃圾中含有大量的营养物质，如COD、TN、TP等营养元素，大部分未经处理和资源化利用，就通过农用施肥或直接排放到水土环境中，造成面源污染。

(三)水土污染的危害

秭归县农业面源污染来源广泛，污染潜力巨大，不容忽视，主要表现在以下几个方面。

1. 污染的土壤危及粮食安全

下渗进入土壤形成土壤污染是农业面源污染的主要表现形态。土壤污染的形成就是由面源污染进入土壤中的有毒、有害物质超出土壤的自净能力，导致土壤的物理、化学和生物学性质发生改变，从而降低农作物的产量和质量，进而危害人体健康。

2. 污染的水体破坏生态平衡

面源污染中的有毒、有害物质运移到水环境，会致使很多地表水或地下水各种营养和污染物质含量超标，从而引起水体富营养化，导致水质恶化；有毒、有害物质在生态系统的各个单元不断富集，对水生生物群落产生毒性，水体功能下降，影响水体生态系统平衡，导致局部生态系统的失调。

第二节　急变性地质环境问题

秭归县存在的急变性地质环境问题主要有两大类：水库诱发地震和地质灾害。

一、水库诱发地震

一般来说，水库蓄水量越大，水库诱发地震的可能性及其震级也就越大。三峡水库的建成蓄水，极大地改变了库区地应力状态，破坏了水-岩(土)之间的天然力学平衡，地震频次与强度有所增加，但地震活动仍保持在三峡地区原有弱地震活动状态。

(一)水库的地震地质条件

1. 水库特点

三峡水库为河谷型狭长水库，位于长江上游下段，全长660km，水面平均宽度1.1km，总水域面积1 048km^2；坝高181m，正常蓄水位175m，总库容393×10^8m^3，坝前增加水头近110m，属中坝中库，发震概率较一般中小型水库稍高。但按坝高计，三峡工程在全世界排名第63位；按库容计，排名第26位，均不属前列。

2. 岩体分布

三峡库区秭归段可划分为碳酸盐岩-碎屑岩、结晶岩两种主要岩类库段。

(1)碳酸盐岩-碎屑岩类分布于牛口—庙河段,碳酸盐岩主要分布在秭归盆地东部、南部、西南部,强岩溶化碳酸盐岩易诱发岩溶型地震;碎屑岩主要分布于秭归盆地,为上三叠统和侏罗系的砂、泥岩,不易诱发水库地震。

(2)结晶岩类分布于庙河—坝址段,位于库首黄陵结晶地块内,为前南华纪变质岩和侵入其间的结晶岩体,岩体完整性好,断层多已胶结,岩体透水性微弱,产生诱发地震的可能性很小。

3. 渗透条件

碳酸盐岩-碎屑岩库段,岩溶虽较发育,有利于库水渗透,但地处持续上升地区,两岸岩溶管道系统不很发育,延伸范围有限,因而库水可入渗范围和深度受到限制;碎屑岩体渗透性弱,岩层产状平缓,具有多个隔水层,不利于库水渗透。

结晶岩库段,无区域性和地区性断裂分布,不会有深层和超深层水文地质结构面。

4. 区域活动

三峡库区属弱震区。水库附近曾经发生的最大地震为1979年龙会观5.1级地震,距库边约6km。其所在地层岩性为碎屑岩类岩层,蓄水后不易诱发地震。

综上所述,三峡工程除坝高和库容属有利于产生水库诱发地震的因子外,其他条件均不利于诱发较强的水库地震。

(二)水库诱发地震的可能性分析

1. 碳酸盐岩-碎屑岩库段

本库段从牛口到庙河全长42km,最大蓄水深度130~160m,新增水头90~110m。库盆岩性为碳酸盐岩与碎屑岩相间分布,组成低山宽谷。经分析,具备发生水库诱发地震的地震地质背景,可能诱发较强的构造型水库地震和岩溶型水库地震。

(1)可能发生较强的构造型(断层破裂型)地震的地点有两处:①仙女山断裂—九畹溪断裂(交会处距坝址18km);②建始断裂北延与秭归盆地西缘一些断裂的交会部位(距坝址52km)。从最坏的角度考虑,预测这两处水库诱发地震的极限震级为5.5~6级,是三峡工程预测可能产生最大水库诱发地震的地段和震级。构造型(断层破裂型)水库诱发地震发生的概率虽然较低,但有可能诱发中强震或强震,是必须重视的水库诱发地震问题。

(2)本库段广泛分布于水库干流和支流河段中的石灰岩地区,可能诱发岩溶型水库地震,但其极限震级不超过4级。岩溶型水库诱发地震较为常见,不过多为弱震或中强震,破坏性不大。

2. 结晶岩库段

本库段从庙河到坝址全长16km,坝前最大蓄水深度160m,新增水头110m。库盆岩性为前南华纪变质岩和侵入其间的花岗-闪长岩体及各类脉岩。本库段没有区域性或地区性断裂通过,地震活动水平低,历史上无中强震记载,现今地震活动微弱,岩体一般不透水。经分析,不具备诱发较强水库地震的地质背景,考虑库首段蓄水深度最大,不排除诱发浅源微破裂型小震的可能,但即使产生诱发地震,其极限震级在3.0~4.0级之间。

二、地质灾害

秭归县由于受三峡库区自然地理条件、地质环境条件制约以及人类工程活动等的影响，历来灾度严重，尤以地质灾害最甚。

(一)地质灾害的分布情况

2000 年调查查明：秭归县境内地质灾害及潜在不稳定斜坡共 694 处，其中滑坡 514 处(图 5－2)、崩塌 38 处(图 5－3)、泥石流 3 处(图 5－4)、地面塌陷 11 处(图 5－4)、地裂缝 3 处(图 5－4)，总面积 5 773.74×10^4 m^2，占全县国土面积的 2.4％，总体积 122 033.73×10^4 m^3；另外，尚存在潜在不稳定斜坡 128 处(图 5－5)，总面积 5 773.74×10^4 m^2。

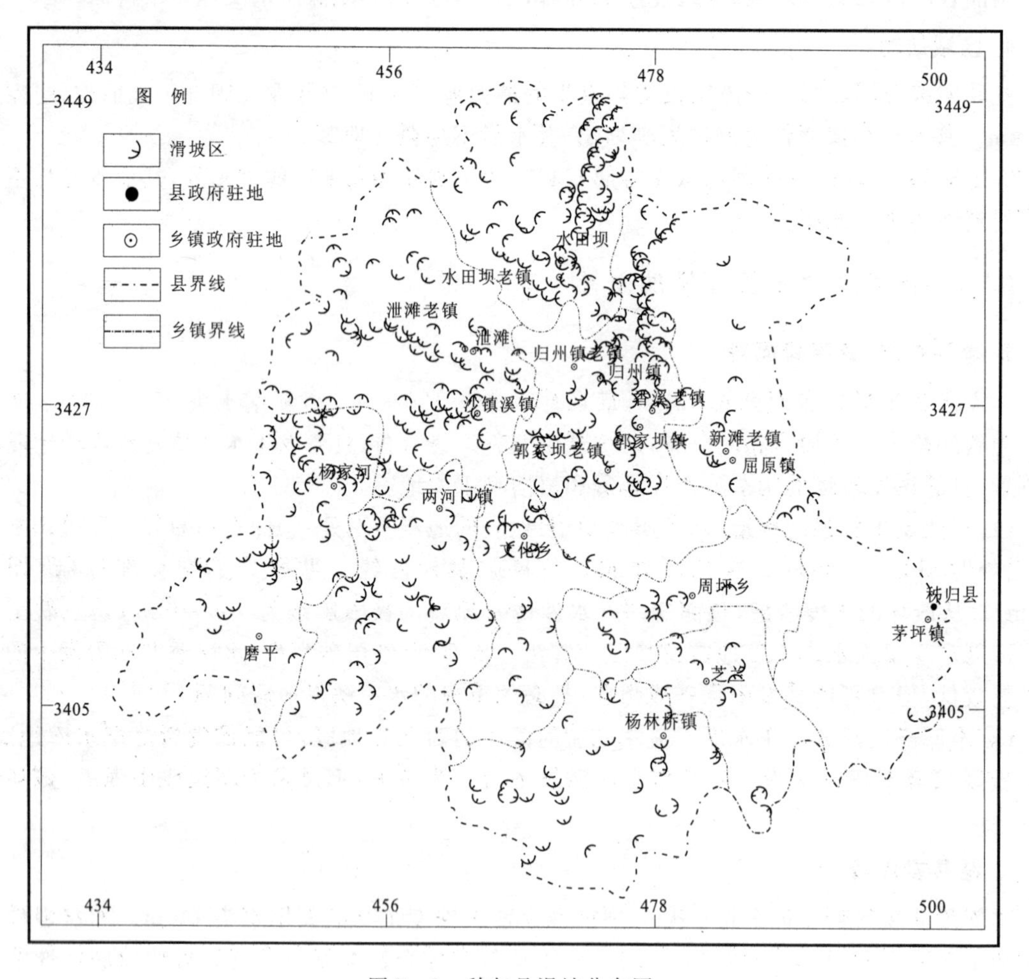

图 5－2　秭归县滑坡分布图

秭归县境内地质灾害以滑坡与崩塌为主，主要分布于长江、童庄河、香溪河、吒溪河、锣鼓洞河、青干河与泄滩河沿岸，其中尤以水田坝乡、归州镇、沙镇溪镇、郭家坝镇、两河口镇、杨林桥镇及梅家河乡最为密集。

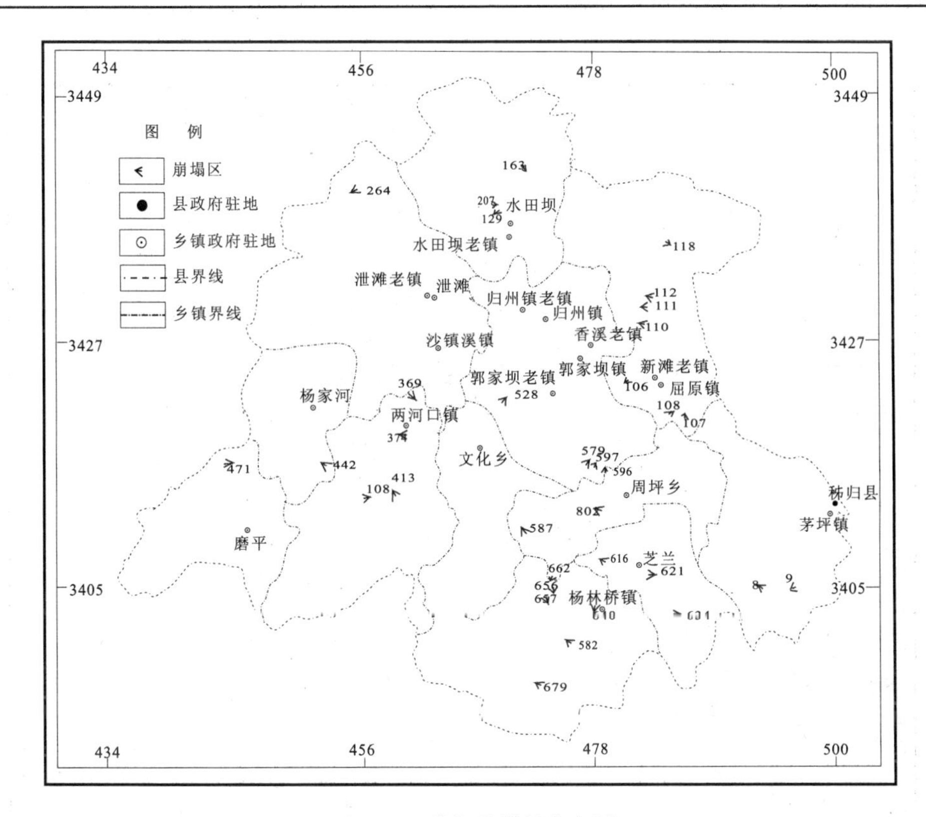

图 5-3　秭归县崩塌分布图

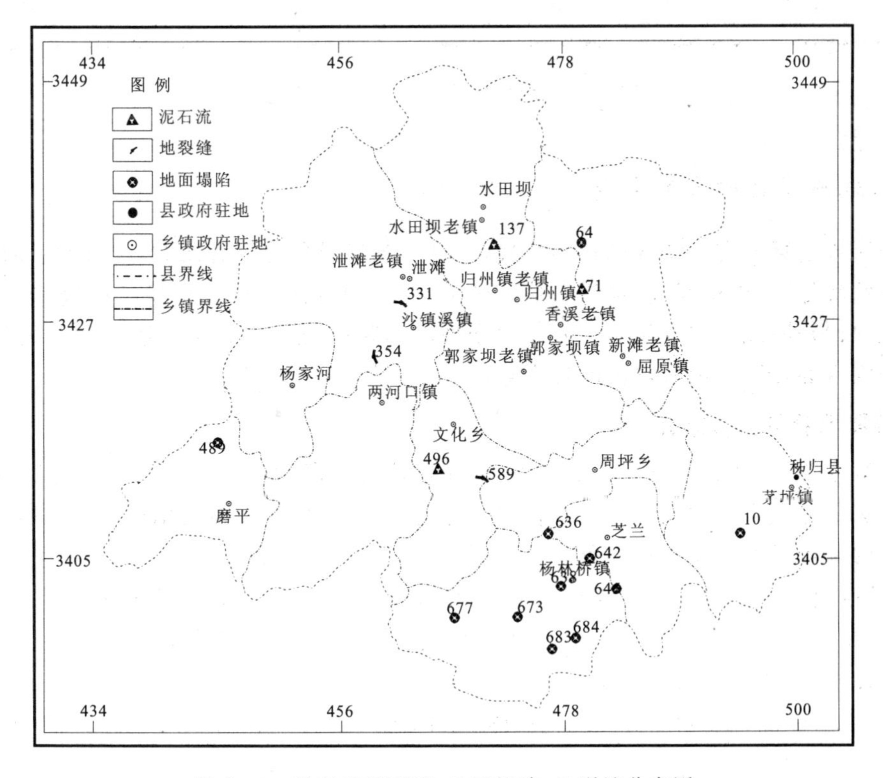

图 5-4　秭归县泥石流、地面塌陷、地裂缝分布图

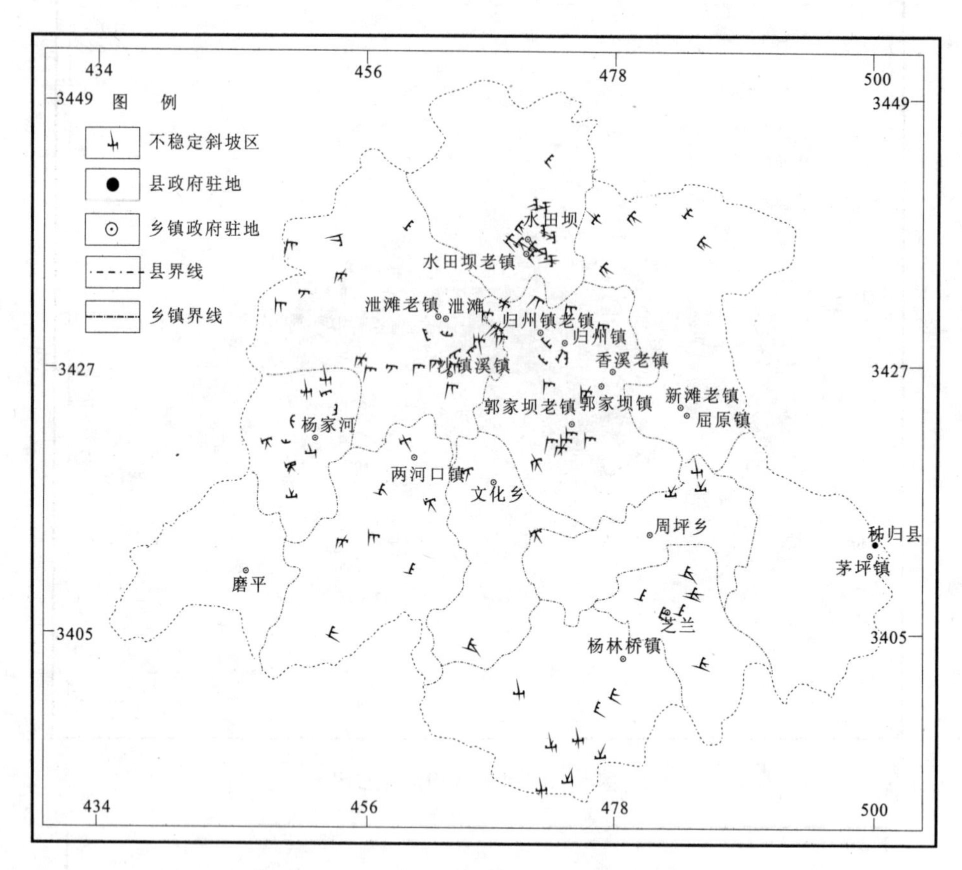

图 5-5　秭归县潜在不稳定斜坡分布图

(二)地质灾害的发育条件

地质灾害的形成有其特殊的地质环境(条件),其形成条件十分复杂,在秭归县起主导作用的主要有地形地貌、地层岩性、地质构造和地下水,这四方面的地质环境条件决定了地质灾害的发育规律;另外,地质灾害的发生及其演变规律与降雨、地震、人类工程活动等密切相关,这三方面的因素亦控制着地质灾害的发育规律。

1. 地形地貌与地质灾害

秭归县主要是切割强烈的中低山、低中山地形,除秭归盆地外,大部分山势陡峻、峡谷深切。地质灾害分布集中的地貌区域有长江中低山峡谷区、秭归盆地及南部深切沟谷区。显然,地质灾害的发育受地形坡度和分布高程控制。

(1)坡度范围 25°～40°的斜坡最易产生滑坡(图 5-6),共分布有灾害点 241 个;坡度大于 40°的陡坡段易于形成崩塌。此外,从灾害发育的斜坡类型分析,土质斜坡区易产生滑坡,尤以顺向坡为最(表 5-2)。

(2)对于高程,高程 500m 以下为地质灾害集中分布区,分布有灾害点 302 个,占灾害总点数的 43.5%。

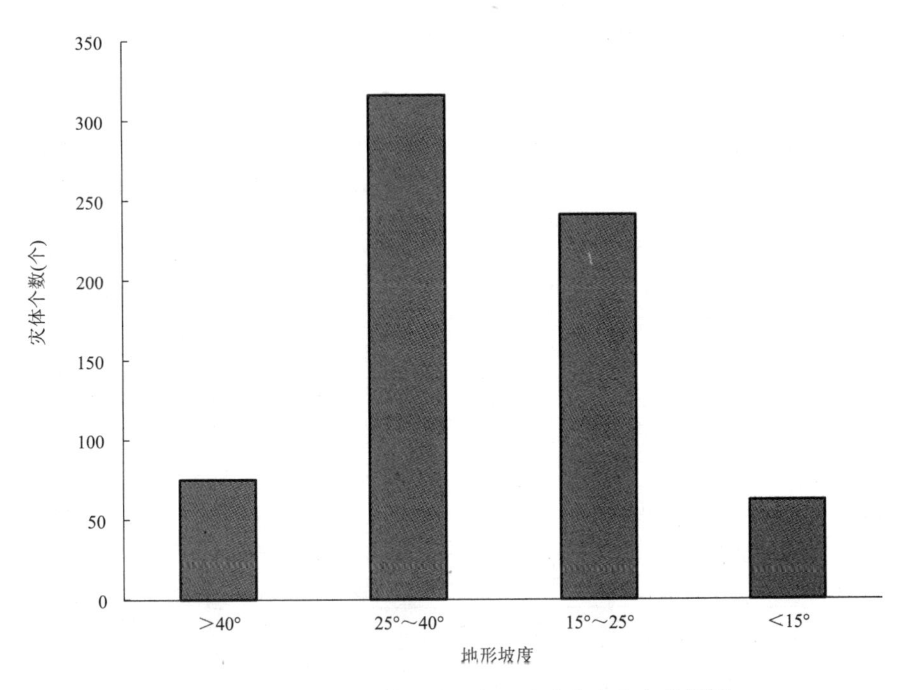

图 5－6　秭归县不同地形坡度区地质灾害发育程度图

表 5－2　秭归县不同斜坡类型的地质灾害发育程度统计表

斜坡类型	地质灾害个数(个)
顺向坡	233
顺向斜向坡	5
反向坡	119
反向斜向坡	6
横向坡	165
斜向横向坡	4

2. 地层岩性与地质灾害

不同地层岩土体的物理力学性质不同。因此，地层的分布是控制地质灾害发育的必要条件之一。以岩土体结构、力学特性及碳酸盐岩的岩溶发育程度等作为依据，秭归县境内岩土体的工程地质类型可划分为 3 个岩体类型、10 个岩性组和 1 个松散土体(表 5－3)。

表 5-3　秭归县岩土体工程地质类型划分及特征表

岩土体类型					工程地质特征
岩类名称	代号	岩性组	代号	地层代号	
块状结晶岩类	Ⅰ	坚硬块状结晶岩岩组	Ⅰ	ArK、γ_2^{2-2}、$\delta\beta o_2^{2-1}$、δ_2^{2-1}	主要分布在黄陵背斜核部，以片岩、片麻岩及侵入其中的中至酸性云英闪长岩、斜长花岗岩为主，岩体呈块状结构，整体强度高，完整性好。岩质坚硬，裂隙不发育，新鲜岩石强度较高，易风化、强风化和剧风化岩强度较低
层状碎屑岩类	Ⅱ	坚硬、较坚硬厚层砂岩组	Ⅱ-1	Nh_1l、D_2y、D_3h、D_3x	呈条带状分布于黄陵背斜西翼、香龙山背斜等地，岩性由石英砂岩、砂岩组成，夹砾岩，厚层状结构，岩质坚硬、性脆，裂隙发育
		较坚硬厚层砾岩泥砾岩岩组	Ⅱ-2	Nh_2n、K_1s	分布于仙女山断裂、黄陵背斜西翼，岩性为以灰岩为主的砾岩，胶结物为砂质、泥质，冰碛泥砾岩，胶结物为泥质，裂隙发育，岩体强度较坚硬，因泥钙质胶结，易风化剥落
		较坚硬、较软质薄至中厚层状页岩砂岩岩组	Ⅱ-3	O_3w、S_1l、S_1lr、S_2s	分布于黄陵背斜、香龙山背斜，砂岩、砂质页岩岩石强度较高，透水性差；页岩强度低，易风化破碎，强度低，受构造挤压作用的页岩易成泥状，形成泥化夹层
		坚硬、较坚硬中至厚层状砂岩泥质粉砂岩与泥岩互层岩组	Ⅱ-4	J_2n、J_2x、J_2s、J_3c、J_3p	主要分布于秭归向斜，岩性以中至厚层砂岩、泥质粉砂岩为主，夹泥岩或互层，砂岩裂隙发育，砂质含量下部向上部逐渐减少，而泥岩相反，泥岩易风化，岩质较软
		坚硬、较坚硬中至厚层状砂岩泥质粉砂岩夹页岩煤层	Ⅱ-5	T_3s、J_1x	主要分布于秭归向斜，岩性以中至厚层砂岩、泥质粉砂岩为主，下部夹页岩、煤层，易形成崩塌
		软质薄至中厚层泥岩、泥质粉砂岩岩组	Ⅱ-6	$T_2b^{2、4}$	分布于百福坪-流来观背斜、茶店子复向斜东端，由泥岩、页岩组成，岩质较软，易风化
层状碳酸盐岩类	Ⅲ	坚硬厚层块状强至中等岩溶化碳酸盐岩岩组	Ⅲ-1	Z_2dy、$\in_{2+3}$、O_1、C_2h、T_1d、T_1j	分布广泛，以灰岩、白云岩为主，中至厚层状，块体结构，岩溶化程度高
		坚硬、较坚硬中至厚层状强至中等岩溶化碳酸盐岩碎屑岩岩组	Ⅲ-2	O_{2+3}、P、C_2d	分布于香龙山背斜、黄陵背斜西翼，碳酸盐岩主要为泥质灰岩、白云质灰岩，碎屑岩为页岩夹煤层，岩质软弱
		较坚硬薄至中厚层状弱岩溶化碳酸盐岩碎屑岩岩组	Ⅲ-3	Z_1d、$\in_1$、$T_2b^{1、3、5}$	以碎屑岩为主，碳酸盐岩次之，岩性为砂岩、页岩夹灰岩、泥质灰岩，碳酸盐岩厚度不大，多呈夹层或薄层产出，岩溶化程度弱

在秭归县，岩土体类型与地质灾害的关系分析如下。

1)碎屑岩分布区地质灾害

碎屑岩是在县境内分布很广的一种岩类，它包括砾岩、砂岩、粉砂岩和页岩等，易形成地质灾害的岩性主要为泥岩、页岩、泥质粉砂岩，相对应的工程地质岩组为坚硬、较坚硬中至厚层状砂岩泥质粉砂岩与泥岩互层岩组(Ⅱ-4)，坚硬、较坚硬中至厚层状砂岩泥质粉砂岩夹页岩煤层(Ⅱ-5)，软质薄至中厚层泥岩、泥质粉砂岩岩组(Ⅱ-6)，呈软质或软硬质相间的夹互层结构，泥岩易风化，岩质较软，页岩强度低，受构造挤压作用的页岩易成泥状，形成泥化夹层。由于受构造应力及风化作用的影响，节理裂隙密集，强度低，易产生滑坡，分布广，数量也较多，这三类易发地层区分布有432处灾害点，占灾害总数的62.2%。碎屑岩中崩塌与其他岩类相比相对较少，主要发育于砂岩岩层。

2)碳酸盐岩分布区地质灾害

碳酸盐岩分布区主要位于县境南部，岩溶地貌发育，岩溶地面塌陷集中，发育于坚硬厚层块状强至中等岩溶化由灰岩、白云质灰岩、白云岩组成的地层中。此外，坚硬、较坚硬中至厚层状强至中等岩溶化碳酸盐岩碎屑岩岩组(Ⅲ-2)，岩性为含软弱砂页岩层或煤层的灰岩，发育地质灾害102处，灾害类型以崩塌、地裂缝为主，多数与采矿工程活动有关，矿区岩石条件主要为二叠系下统梁山组煤系、上统吴家坪煤系，侏罗系香溪组煤系地层及砂页岩、炭质页岩。

3)结晶岩区地质灾害

结晶岩区主要为崆岭群变质岩及其侵入其中的岩体，变质岩和岩体致密坚硬，原生结构面少，后生断裂构造也不发育，但出露地表的侵入体常遭受强烈风化，风化作用常沿原生破裂面产生，易发生崩塌，但在区内发育较少，仅有3处。

4)松散堆积层区地质灾害

松散堆积层多分布于冲沟、河谷及缓坡地段，碎屑岩区由于受风化作用，河流切割强烈，残坡积层、坡洪积层及崩坡积层发育，以滑坡为主，具有分布广、数量多的特点，一般与碎屑岩区的地质灾害分布近一致。

秭归县境内岩土体的工程地质类型与地质灾害的关系见图5-7。

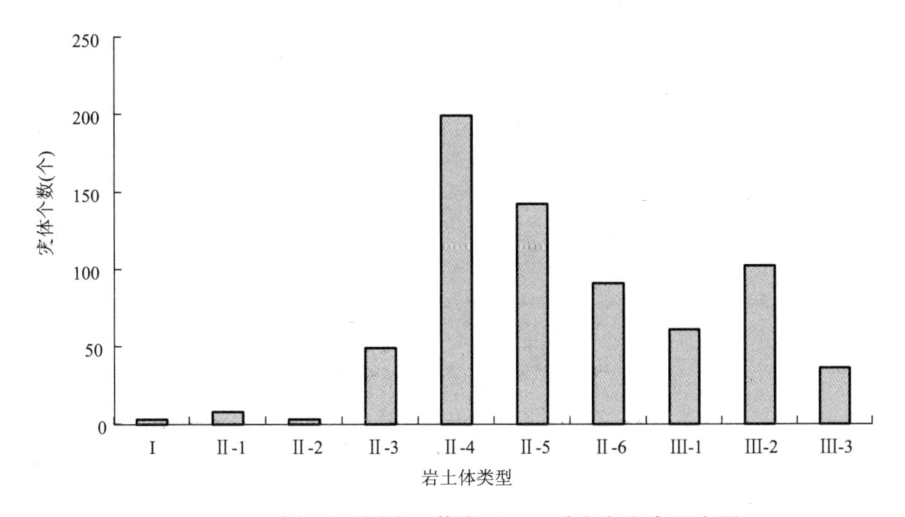

图5-7　秭归县不同岩土体类型区地质灾害发育程度图

3. 地质构造与地质灾害

在秭归县，构造条件是形成地质灾害的基本条件之一，褶皱及断裂带控制着地质灾害发育地带的延伸方向、发育规模及分布密度，滑坡、崩塌的成群、成带、成线状分布的特点几乎都与断裂构造分布有关。秭归向斜范围内的地质灾害分布呈群族性，集中分布有339处，灾害分布密度达0.54个/km^2；香龙山背斜轴部北北东向断裂或裂隙密集，地质灾害相对较为集中，分布有113处；百福坪-流来观背斜和茶店子向斜至巴东县延伸至秭归县西部，为东侧倾伏端，由于主要分布三叠系中上统地层，尤以巴东组地层分布区地质灾害集中，灾害点数126个；仙女山断裂区由于新构造运动，导致断裂带及两侧河流的强烈切割，为地质灾害的发生创造了临空条件，极易形成崩塌，该区分布有63处灾害体，绝大部分崩塌均位于该区(图5-8)。

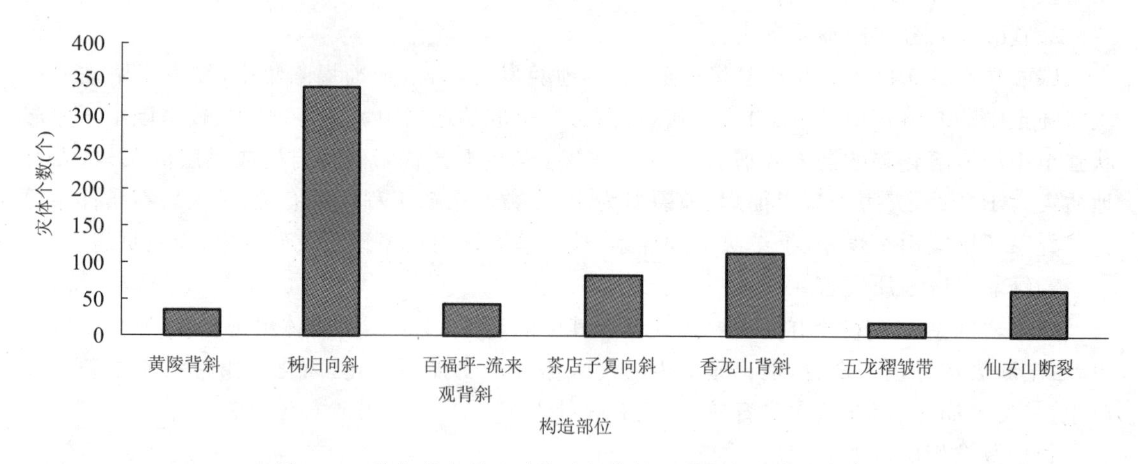

图5-8　秭归县主要地质构造部位的地质灾害发育程度图

4. 地下水活动对地质灾害的作用

在秭归县，地下水活动也是形成地质灾害的重要因素之一。在土质斜坡或岩质斜坡(含泥质岩层，如泥岩等)受地下水作用时，泥质岩层往往会泥化、软化，形成不利的软弱面或夹层。在滑坡体上发育的地下水形式主要为泉水，一般位于滑体中上部或前缘低凹处，此类滑坡有62个，另一种形式为滑坡临沟、临坎地段的渗水现象，多发生在雨后，大多数滑坡均有发生。受泉水或地下水渗水作用影响的滑坡有162个，占滑坡总数的32%。

5. 降雨与地质灾害

在秭归县，地质灾害与降雨的时空分布有密切联系，强降雨区是灾害发生的必要条件。全县多年平均降雨量区域性差异不大，大于1 500mm的降雨区主要集中在高山地区，长江河谷及秭归盆地的降雨量一般为1 000～1 200mm，通过对主要降雨区的对比分析表明(图5-9)，降雨强度越大地质灾害越易发生，由于降雨区的分布与易于形成地质灾害的地质条件分布不一致，表现出强降雨的高山地区地质灾害发育程度一般，而降雨量为1 000～1 200mm的长江河谷及秭归盆地区地质灾害易发，这说明在易发的地质环境区，当降雨量大于1 000mm时，地质灾害就极易发生，降雨作为触发因素的作用十分明显。据统计直接受降雨影响的地质灾害点共有324处，占重点数的47%。

灾害发生的时间与相应降雨中心、降雨集中时间相对应(图5-10)。对典型灾害发生

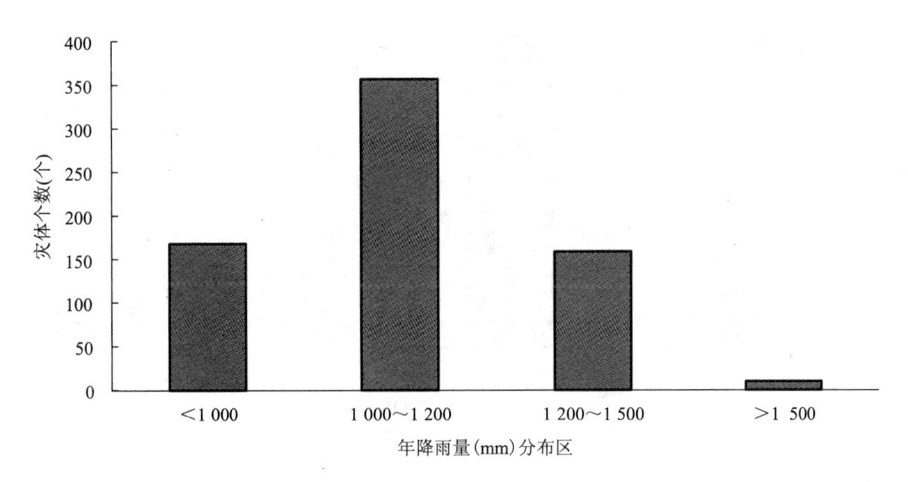

图 5-9　秭归县不同年降雨量分布区与地质灾害关系图

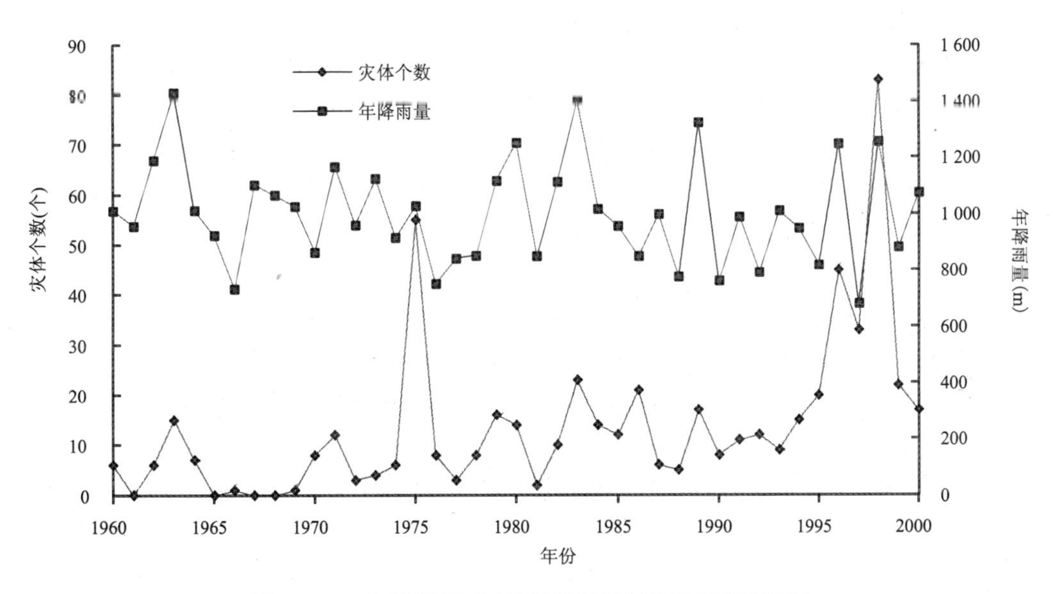

图 5-10　秭归县不同年份年降雨量与地质灾害关系图

的具体分析进一步表明，强降雨量与灾害发生的相关关系，是基于前期降水、暴雨对灾害发生的共同贡献而体现出来的，尤其是暴雨，表现为当暴雨大于 150mm 时，地质灾害发生率高(图 5-11)。

6. 地震与地质灾害

在秭归县，地震是地质灾害的触发因素之一，往往在烈度为Ⅵ度以上的地震活动地区，尤其在坡度大于 25°的斜坡地带，地震诱发的滑坡、崩塌灾害较为严重。秭归县境内江北龙会观一带历史地震区和仙女山断裂潜在震源区地质灾害分布密集(该两个区共分布有 304 个地质灾害点)，由此说明地质灾害与地震的关系是较密切的，地震作用的潜在影响是较大的。

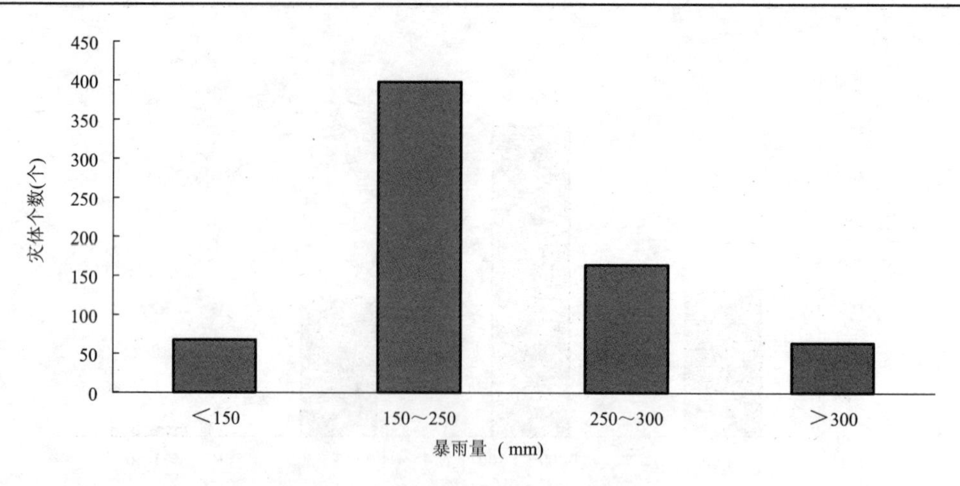

图 5-11　秭归县暴雨与地质灾害关系图

7. 人类工程活动与地质灾害

在秭归县，人类工程活动与地质环境有着相互依存和相互作用的关系，尤其是人类工程活动的盲目性和不科学性，是对地质环境造成破坏的重要因素，也是诱发或加剧地质灾害的重要原因。随着社会经济的高速发展，人类工程活动的频度更高、强度更大，由工程活动造成的地质灾害也就愈加突出。人类活动类型的多样性和地质环境的复杂性决定了诱发地质灾害类型多，县内人类工程活动主要有不合理农垦、采矿、公路建设、城镇建设及水利水电建设等，诱发或加剧的灾害类型主要是滑坡、崩塌及地面塌陷。

此外，县境内垂直落差为 30m 左右的长江三峡水库库岸消落带也是地质灾害的多发地带：三峡水库建成后，由于水库水量调度，在水库岸坡上形成垂直落差为 30m 左右的库岸消落带；库水位的变化，会造成库岸岩土体孔隙水压力的变化，从而导致库岸岩土体中水-岩力学平衡的频繁调整，进而造成库岸消落带上的岩块错落、滑移或蠕动以及古滑坡体和倒石堆的再活动。

人类工程活动强度最直接的表示是以人口密度为参考值（表 5-4），秭归县老县城归州至香溪及新县城茅坪等地为人口密度密集区，归州至香溪位于秭归河、香溪河出口段，地质灾害特别发育，地质灾害分布密度达 0.6 个/km^2；沿江及青干河、秭归河、香溪河、童庄河等河谷区人口集中，地质灾害分布最广，共计 265 个；秭归县中部及低中山区人口分散，灾害分布亦较多；县域周边及高山区人口稀少，地质灾害一般为低发育程度。

地质灾害的分布密度、发育程度与人口密度的关系见图 5-12、图 5-13。

表 5-4　秭归县以人口密度评估的人类活动强度分级

人口密度（人/km^2）		人类活动强度	地质灾害发育强度
密集区	≥400	高	极易发
集中区	200~400	中等	高易发
分散区	100~200	低	中等易发
稀少区	<100	轻微	低易发

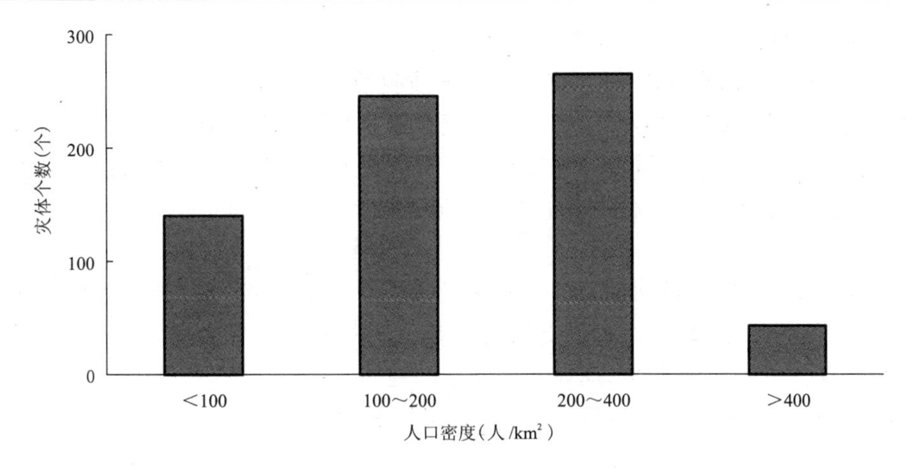

图 5-12 秭归县不同人口密度区地质灾害发育程度图

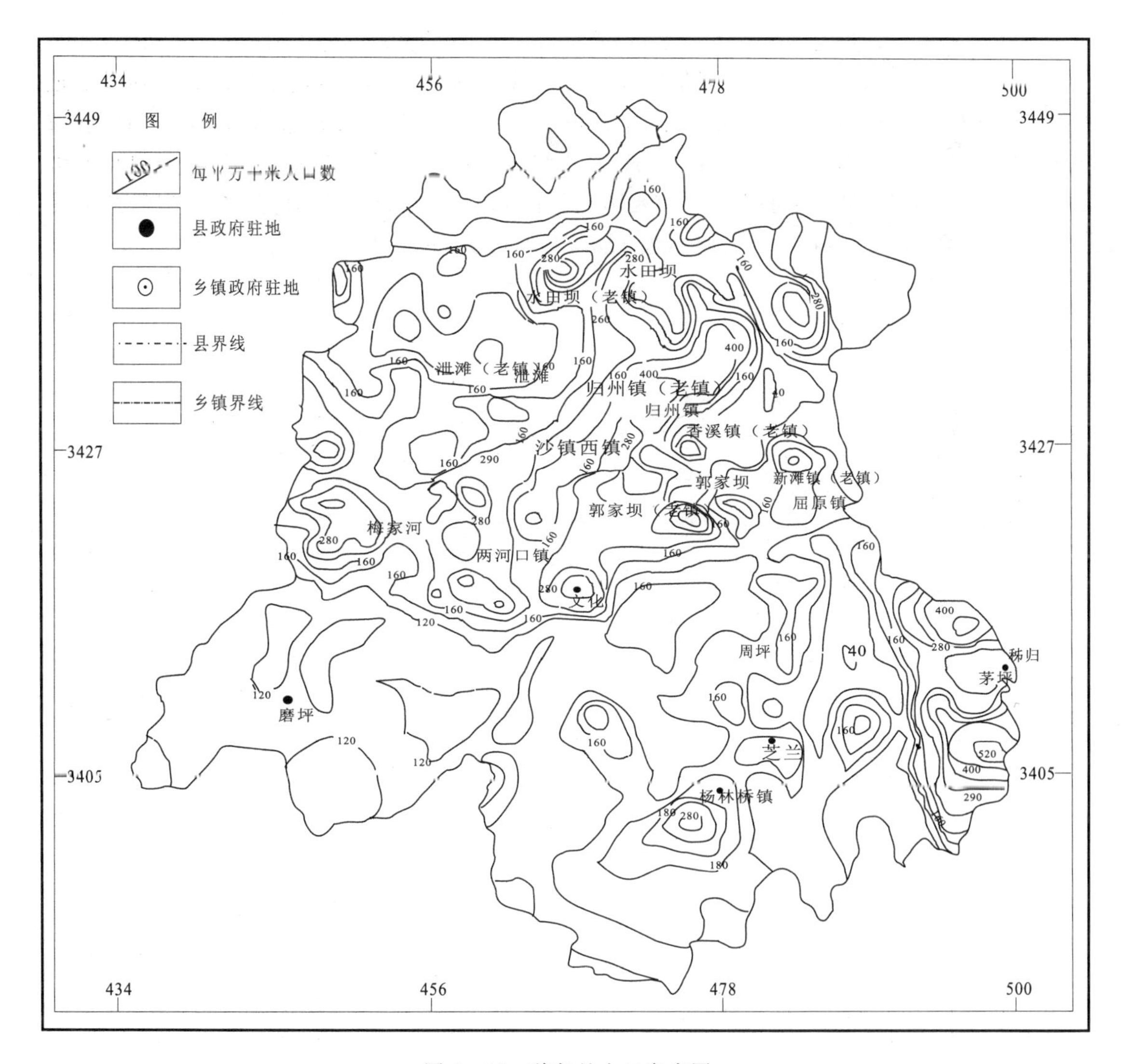

图 5-13 秭归县人口密度图

综上所述，秭归县地质灾害主要发育在以下地区。

(1)坡度25°～40°、高程500m以下的斜坡、土质斜坡、顺向坡。

(2)中生界三叠系、侏罗系易形成滑坡的地层分布地区；志留系至二叠系易形成崩塌的岩体分布区。易发地层岩性为碎屑岩中泥质粉砂岩与泥岩互层岩组，粉砂质泥岩、泥质粉砂岩夹页岩煤层岩组，碳酸盐岩夹页岩煤层岩组等呈软质或软硬质相间的夹层和互层结构或具软弱基座。

(3)秭归向斜、香龙山背斜轴部北北东向断裂或裂隙密集带和仙女山断裂构造活动强烈的地区；江北龙会观一带历史地震区和仙女山断裂潜在震源区。

(4)暴雨集中且具有形成滑坡、崩塌地质背景的地区。

(5)人类工程活动强度大，对地质环境破坏严重的地区。

(三)地质灾害的危害

地质灾害是秭归县主要自然灾害之一，长期以来一直困扰着当地人民的生产生活并危及他们的生命安全，严重制约了地方经济快速发展。截止到2000年末，秭归县已造成损失的地质灾害点共有461处，造成53人死亡(其中滑坡19人，占35.8%；崩塌2人，占3.8%；泥石流28人，占52.8%；不稳定斜坡4人，占7.6%)，直接经济损失总额4 659.09×10^4元(其中滑坡3 960.06×10^4元，占85%；崩塌248.22×10^4元，占5.3%；泥石流35万元，占0.8%；地面塌陷239.07×10^4元，占5.1%；不稳定斜坡173.74×10^4元，占3.8%)。

第三篇

专业实习教学内容

第六章　准备阶段教学内容

三峡实习欲达到预定的教学目标，提前做好充分的准备工作，是十分有必要的。

第一节　组织准备

在正式开展三峡实习前两周，由院系出面成立三峡实习队，并确定实习队的人员组成。

在出发前往基地前一周，由实习队长和学生事务教师对参与实习的学生、指导教师进行动员，并提出以下要求。

(1)介绍三峡实习的目的、要求、教学任务、教学安排以及需要达到的教学目标。

(2)明确三峡实习队长、学生事务教师、指导教师和参加实习学生各自的准备工作要求。

(3)强调三峡实习的相关规章制度及其注意事项，尤其是学习纪律、安全纪律等。

第二节　物质准备

在出发前往基地前一周，参与实习的学生需要准备实习和学习用品以及生活用品。

一、实习和学习用品

参与实习的学生以班级为单位，准备实习区相关背景资料、专业理论教材、实习指导书、实习用图、讲义夹、地质罗盘、地质锤、放大镜、皮尺、钢卷尺、记录簿、绘图工具、方格纸、报告纸、铅笔、小刀、常用水文地质和环境地质调查的便携式仪器等实习及学习用品。

二、生活用品

参与实习的学生准备换洗衣物、洗漱用具、餐具、雨具、水壶、草帽、防晕车药品、防晒药品、防虫咬蚊叮药品等个人生活用品。

第三节　业务准备

一、教师备课

参与实习的指导教师需要做好三峡实习的教学准备工作。

(1)充分了解参与实习的学生前期对专业理论和实践知识的学习请况以及掌握程度,以便做好教学衔接工作。

(2)认真学习三峡实习教学大纲,明确三峡实习的目的、要求、教学任务等。

(3)提前一周到达基地,集体备课,在实习区现场讨论并确定不同教学阶段的主要教学内容、教学要点、教学方法、教学安排、考核评分标准以及注意事项等。

二、学生预习

参与实习的学生需要做好三峡实习的相关专业知识的预习。

(1)了解三峡实习的目的、要求、教学任务等。

(2)熟悉相关专业理论和实践知识。

(3)收集实习区的相关背景资料,了解实习区概况。

三、室内准备

三峡实习教学开始前两天的上午,以班为单位召开准备工作会,由带班指导教师介绍三峡实习的教学任务、教学安排、注意事项以及实习区概况。

三峡实习教学开始前两天的下午,以实习小组为单位,开展实习前的实习/学习用品准备。

三峡实习教学开始前一天的上午,以实习小组为单位,开展实习前的专业技能的熟习和练习。

三峡实习教学开始前一天的下午,带班指导教师检查学生的实习/学习用品的准备情况,考核学生的业务准备情况(专业理论知识和实践知识的掌握程度、专业技能的熟练程度)。

四、野外踏勘

通过预习和室内准备阶段,收集、阅读和分析前人资料,学生对实习区的基本情况有了初步了解,但还缺乏感性认识。所以在野外实习开始阶段,以班为单位,带班指导教师带领学生对实习区作一概略性的实地观察和了解,即“野外踏勘”。

(一)教学目的

在带班指导教师的指导下,参与实习学生实地观察和了解实习区的基本情况。

(1)从宏观尺度上,认识和把握实习区区域地质、水文地质条件、地质环境条件以及人类活动的主要特征。

(2)熟悉和巩固专业实践技能。

(二)教学内容

1. 踏勘路线

基地→三峡大坝观景台→基地。

2. 教学任务

(1)实地观察三峡实习区区域地质的基本格架和地形地貌的基本概况,并分析二者的关系。

(2)专业实践技能现场操作与练习：

①地形图、地质图及罗盘、GPS等使用操作的训练。

②地质现象、水文地质现象和环境地质现象的剖面草图、信手地质剖面图、典型地质素描图和地形地貌-地质景观图等制作的训练。

③地质现象、水文地质现象和环境地质现象的文字记录、拍照的训练。

④样品采集的训练。

(三)背景资料

观景台观察点位于长江南岸分水岭之梁子顶—学家山—小包顶(海拔836.9m)一带山脊的主峰。在此远观可望周缘山地，鸟瞰则及三峡大坝、西陵大桥和长江谷地。

(1)三峡实习区大地构造区划隶属于扬子克拉通中西部的二级构造单元之鄂黔板内(陆内)构造带，其西与四川构造盆地相邻，北与秦岭造山带之大巴山—武当山构造弧接壤，为一板内(陆内)复合地质构造单元。区内分布的崆岭变质杂岩时代高达3 290Ma，构成三峡地区乃至扬子克拉通甚或整个华南最古老的结晶基底，而最新活动断裂的时代仅为0.15Ma，从太古宙的陆核演化至挽近期的活动断裂皆保存有物质建造记录和变形改造形迹，故其地质发展史漫长。峡区现今之穹(黄陵短轴背斜)—盆(秭归短轴向斜)相间组合且被周缘以线型褶皱和断裂构成断续—连续之弧形构造带所围绕的基本构造格架为燕山运动所奠基。

(2)实习区处于中国地形第二级阶梯与第三级阶梯的过渡地带，大巴山、巫山和八面山于此耦合，地貌类型属于板内隆升蚀余之中低山地。长江流经横贯秭归县将其分为南、北两部。在构造隆升、长江下切和剥蚀夷平等内、外地质营力共同作用下，造就了自两岸分水岭至河谷的层状地貌格局；以长江为最低谷地(茅坪河口区段被视为境内最低点，海拔仅为40m)，向周缘地势渐高(南侧云台荒被视为境内最高峰，海拔2 057m)，总体呈盆地形，构成独特的长江三峡山地地貌景观。

(3)实习区为黄陵穹隆(短轴背斜)所在，核部为崆岭变质杂岩与黄陵花岗岩岩基，它们一并构成元古宙—太古宙的基底岩石，翼部为沉积盖层；形成次序为崆岭杂岩→花岗岩→沉积盖层；长短轴比约为2∶1，近似于等轴的穹隆状；而峡区地形-地貌则呈盆地形，观景台观察点位于穹隆南缘倾伏端，海拔高程达到900m左右。从长江谷地→观景台垂向观察，可看到谷岸两侧Ⅰ级、Ⅱ级阶地，地形上呈舒缓坡状，恰是核部时代老、易风化的崆岭杂岩和黄陵花岗岩岩基的分布区；之上坡度变陡，则为时代渐新且未变质的沉积盖层所在，依次为莲沱组、南沱组、陡山沱组和灯影组，它们构成穹隆翼部，海拔高而呈现陡峭峻岭。地质与地形上所显示的“核老翼新”、“古洼新高”的特色，实则反映了内、外地质作用力的相互关系与内在联系。

(四)教学方法

(1)指导教师出示1∶5万、1∶10万等实习区区域地形地质图，引导学生在目之所及范围内，对照地形地质图宏观观察实习区不同时代的地层、岩浆岩、变质岩等地质体的空间展布；明确大地构造位置，了解区域地质基本构造格架和结构轮廓，熟悉主要教学路线、独立实践区段和大致的实习范围。

(2)观察实习区地形地貌特征，引导学生感知由远及近、由高至低、由陡渐缓的变化趋势和规律，尽可能地将地形地貌格局与地质基本格架一并联系，思考内、外地质作用的相关性。

(3)根据观察、了解的实习区的区域地质、地形地貌、气象水文等概况条件,结合实习区1∶5万水文地质图和1∶5万环境地质图,初步分析实习区的水文地质条件、地质环境条件。

(4)远观三峡大坝和秭归县城,了解实习区的主要人类活动特征。

(五)教学要求

要求参与实习的学生以小组为单位,以共同配合、相互讨论的形式开展野外踏勘。

第七章　基础地质路线阶段教学内容

由于基础地质的相关理论和实践知识的掌握是水文与环境类专业三峡实习开展的基础，因此在三峡实习的初期是基础地质实践知识的实习教学。

第一节　教学目的

在路线教学指导教师的指导下，参与实习的学生通过调查实习区内系列的、典型的地质现象，逐步建立实习区地层层序、掌握地层间的相互接触关系及其岩性特征、熟悉实习区区域地质条件。其目的在于培养学生：

(1)进一步熟悉和巩固基础地质野外调查的基本知识、基本技能和基本方法。

(2)进一步巩固和加深对基础地质理论知识的理解与掌握。

第二节　教学内容

本阶段共安排了6条教学路线：

路线一　泗溪黄陵岩体—震旦系地层及其岩性调查。

路线二　兰陵溪-肖家湾黄陵岩体—寒武系地层及其岩性调查。

路线三　肖家湾-郭家坝寒武系—志留系地层及其岩性调查。

路线四　肖家湾-九畹溪口-周坪地质构造调查。

路线五　客运码头岩体风化现象调查。

路线六　泗溪河流地貌和沉积物调查。

教学路线一　泗溪黄陵岩体—震旦系地层及其岩性调查

(一)教学路线

基地→日月坪→泗溪风景区门口→基地。

(二)教学任务

(1)南华系(Nh)地层与黄陵岩体(γ)的接触界线及其两侧岩性调查。

(2)震旦系(Z)地层与南华系(Nh)地层的接触界线及其两侧岩性调查。

(3)黄陵岩体(γ)—震旦系(Z)地层的信手地质剖面图绘制。

（三）教学点

1. 教学点Ⅰ

（1）点义：地层界线及其两侧岩性调查。

（2）点位：日月坪村沿河公路封山育林标牌处南60m处。

（3）露头：人工，良好。

（4）任务：①观测南华系莲沱组（Nh_1l）地层与黄陵岩体（γ）的接触界线及其两侧岩性；②绘制信手地质剖面图。

（5）背景资料。

点N为黄陵岩体：

岩性为灰白色中粒黑云母角闪斜长花岗岩（图版Ⅰ-1），风化面黄褐色，新鲜面灰白色；中粒结构，块状构造。主要矿物成分：石英，他形粒状；长石，自形、半自形，厚板状；暗色矿物主要为角闪石，自形长柱状，其次为黑云母，自形片状。岩石中长透镜状包体，暗色矿物定向明显。

点S为南华系莲沱组（Nh_1l）地层：

岩性为灰红色中厚层石英砂岩、长石石英砂岩夹细砂岩、砂质页岩，底部为砂砾岩或砾岩，砾石滚圆度好而分选差，砾径大小不一，直径0.2～2cm，砾石成分为石英岩。岩性自下而上可分成4段：

灰紫色厚层单成分石英砂砾岩，风化面暗灰色，新鲜面灰紫色；砾状结构，厚层构造；砾石成分以石英为主，砾径1～7cm，含量约为30%，产状：236°∠21°，出露厚度约30m。

暗紫色厚层含长石细—中粒石英砂岩，夹薄层粉砂岩、粉砂质泥岩，向上有砂岩层变薄、粉砂岩层增厚趋势。上部为中薄层砂岩与粉砂质泥岩互层，产状：267°∠20°，出露厚度约120m。

棕黄色厚层褐铁矿化凝灰粉砂—细砂岩，底部含细砾，产状：225°∠20°，露头上见擦痕，推测为平移断层，出露厚度约70m。

紫红色含长石岩屑不等粒砂岩（图版Ⅰ-2），出露厚度约3m。

南华系莲沱组（Nh_1l）地层不整合覆盖在黄陵岩体上，二者的接触关系为沉积接触关系。

2. 教学点Ⅱ

（1）点义：岩性调查。

（2）点位：泗溪茶坊。

（3）露头：天然，良好。

（4）任务：①观测南沱组（Nh_2n）的地层岩性；②绘制信手地质剖面图。

（5）背景资料。

南沱组（Nh_2n）地层岩性为灰绿色中厚层冰碛泥岩，含砾石，砾石成分复杂，大小不一，具有一定磨圆，无分选，粒径0.2～8cm，大多数在2～5cm之间，含量为10%～15%，出露厚度约30m（图版Ⅰ-3）。

南沱组（Nh_2n）地层与下伏莲沱组（Nh_1l）地层平行不整合接触。

3. 教学点Ⅲ

（1）点义：岩性调查。

（2）点位：泗溪景区大门外侧。

(3)露头:天然,良好。

(4)任务:①观测陡山沱组(Z_1d)的地层岩性;②绘制信手地质剖面图。

(5)背景资料。

陡山沱组(Z_1d)地层宏观上有“两黑两白”的特点,第一、三段总体呈白色,第二、四段为黑色。岩性自下而上分段如下:

①深灰色厚层含生物碎屑细晶—粉晶灰岩,出露厚度为25～30m。

②黑色纹层状炭质碎屑硅质结核粉—细晶白云岩,产状:218°∠37°,顶部见沉积间断面,面上见直径为10～20cm的磷质结核,呈现为凹凸不平。

③浅灰色中层砂砾屑核形石亮晶白云岩,顶部含燧石团块,产状:235°∠34°,出露厚度约35m。

④黑色薄层含有机质细晶灰岩,含燧石条带和结核,岩性横向变化大。

陡山沱组(Z_1d)地层与下伏南沱组(Nh_2n)地层平行不整合接触。

4. 教学点Ⅳ

(1)点义:岩性调查。

(2)点位:泗溪景区大门向南约200m有一小断层处。

(3)露头:天然,良好。

(4)任务:①观测灯影组(Z_2dy)的地层岩性;②绘制信手地质剖面图。

(5)背景资料。

灯影组(Z_2dy)地层可细分为3段,有着“两白一黑”的特点,岩性自下而上分段如下:

①下部为灰白色厚层状白云岩(泗溪大门南约200m有一小断层处)。

②中部为黑灰色薄板状灰质白云岩夹灰白色白云岩、角砾状白云岩,有时层间见滑塌现象,该段厚度很大,有大量裂隙水流出。

③上部为浅灰—灰色厚层状白云岩夹鲕粒白云岩、角砾状白云岩等。

灯影组(Z_2dy)地层与下伏陡山沱组(Z_1d)地层整合接触。

教学路线二　兰陵溪-肖家湾黄陵岩体—寒武系地层及其岩性调查

(一)教学路线

基地→兰陵溪→九曲垴中桥→横墩岩隧道口→茶园坡隧道口→棕岩头隧道口→台上坪隧道口→基地。

(二)教学任务

(1)兰陵溪岩体(γ)与崆岭群(ArK)地层的接触界线及其两侧岩性调查。

(2)南华系(Nh)地层与崆岭群(ArK)地层的接触界线及其两侧岩性调查。

(3)震旦系(Z)地层与南华系(Nh)地层的接触界线及其两侧岩性调查。

(4)寒武系(∈)地层与震旦系(Z)地层的接触界线及其两侧岩性调查。

（三）教学点

1. 教学点Ⅰ

（1）点义：地层界线及其两侧岩性调查。

（2）点位：334省道兰陵溪沿公路向西约200m（茅坪林木检查站西约10m）。

（3）露头：人工，良好。

（4）任务：观测兰陵溪岩体（γ）与崆岭群（ArK）地层的接触界线及其两侧岩性。

（5）背景资料。

点E为兰陵溪岩体（γ）：

点东侧为黄陵岩体的茅坪复式岩体最早一期侵入的兰陵溪岩体。岩性为中粒黑云角闪辉长岩。岩体风化面黄褐色，新鲜面深灰色，中粒等粒结构，块状构造，主要浅色矿物为斜长石，石英含量少于5%，暗色矿物含量约15%，主要是辉石、角闪石、黑云母。辉石：短柱状，横断面为正方形，光泽差，具有阶梯状解理。角闪石：长柱状，横断面为菱形，玻璃光泽，解理面光滑平整。

点W为崆岭群（ArK）地层：

岩性为深灰色条带状混合斜长片麻岩（图版Ⅱ-1），可见其片麻理构造。岩层产状在与花岗岩接触处为近直立或岩层略有倒转。局部脉体含量较高，达到混合岩。

黄陵岩体（γ）与崆岭群（ArK）地层的接触关系为侵入接触关系（图版Ⅱ-2）。

2. 教学点Ⅱ

（1）点义：地层界线及其两侧岩性调查。

（2）点位：九曲垴中桥西桥头。

（3）露头：人工，良好。

（4）任务：观测莲沱组（Nh_1l）地层与崆岭群（ArK）地层的接触界线及其两侧岩性。

（5）背景资料。

点E为崆岭群（ArK）地层：

岩性为阳起石长英质变粒岩，变晶粗粒结构，主要以长石、石英为主；另外可见针状、放射状角闪石集合体，斜长角闪片岩，混合片麻岩，角砾状混合岩等变质岩。

点W为莲沱组（Nh_1l）地层：

岩性下部为紫红、棕紫及黄绿色粗—中粒长石石英砂岩及长石砂岩；上部主要为紫红色及灰白色凝灰质砂岩和紫褐色及黄绿色砂岩、砂质页岩；底部暗紫红色砾岩与下伏崆岭群（ArK）地层呈角度不整合分界，此处的接触关系被崩积物覆盖。

3. 教学点Ⅲ

（1）点义：地层界线及其两侧岩性调查。

（2）点位：九曲垴中桥西桥头沿公路往西30m处。

（3）露头：人工，良好。

（4）任务：观测南沱组（Nh_2n）地层与莲沱组（Nh_1l）地层的接触界线及其两侧岩性。

（5）背景资料。

点E为莲沱组（Nh_1l）地层：

岩性为紫红色及灰白色凝灰质砂岩和紫褐色及黄绿色砂岩、砂质页岩。

点 W 为南沱组(Nh_2n)地层：

岩性为灰绿色、紫红色冰碛泥砾岩(杂砾岩)，上部夹薄层状砂岩透镜体，冰碛砾岩(杂砾岩)中的砾石结构杂乱，分选差，磨圆差(呈棱角状)，表面具擦痕。

南沱组(Nh_2n)地层与下伏莲沱组(Nh_1l)地层平行不整合接触。

4. 教学点Ⅳ

(1)点义：地层界线及其两侧岩性调查。

(2)点位：九曲垴中桥西桥头沿公路往西 200m 处。

(3)露头：人工，良好。

(4)任务：观测陡山沱组(Z_1d)地层与南沱组(Nh_2n)地层的接触界线及其两侧岩性。

(5)背景资料。

点 E 为南沱组(Nh_2n)地层：

岩性为灰绿色、紫红色冰碛泥砾岩(杂砾岩)，上部夹薄层状砂岩透镜体，冰碛砾岩(杂砾岩)中的砾石分选性差，表面具擦痕。结构杂乱，呈棱角状，无分选。

点 W 为陡山沱组(Z_1d)地层：

点西侧为新元古代震旦系陡山沱组，岩性为灰白色中厚层白云岩，又称盖帽白云岩，是指沉积在新元古代冰碛岩之上，主要由微晶白云石组成的相对均质的白云岩地层。由于它直接覆盖在新元古代冰碛岩上，形似帽子而得名。

根据陡山沱组的岩性组合，可将其分为 3 段：下段为灰白色中厚层白云岩，中段为黑色薄层炭质页岩、泥灰岩，上段为灰色、灰白色中厚层白云岩，区域上，陡山沱组上段还覆有黑色薄层硅质泥岩、炭质泥岩夹白云质灰岩即称“两白两黑”。本段岩性组合特色鲜明，俗称“两白两黑”，即灰白色薄层白云岩—灰黑色页片及碎石结核—灰白色薄层白云岩、白云质灰岩—黑色炭质页岩、硅质灰岩。

陡山沱组(Z_1d)地层底部以一层含砾白云岩的底面与下伏南沱组(Nh_2n)地层平行不整合分界(图版Ⅱ-3)，二者间发育明显的古风化壳。

5. 教学点Ⅴ

(1)点义：地层界线及其两侧岩性调查。

(2)点位：风茅公路 84km 路碑处。

(3)露头：人工，良好。

(4)任务：观测灯影组(Z_2dy)地层与陡山沱组(Z_1d)地层的接触界线及其两侧岩性。

(5)背景资料。

点 E 为陡山沱组(Z_1d)地层：

黑灰色硅质泥岩、炭质泥岩，夹白云质灰岩。

点 W 为灯影组(Z_2dy)地层：

为震旦系灯影组上段，岩性为灰白色厚层状白云岩，偶夹燧石条带和燧石结核。

灯影组(Z_2dy)地层与下伏陡山沱组(Z_1d)地层产状基本一致，地层也连续，二者为整合接触(图版Ⅲ-1)。

6. 教学点Ⅵ

(1)点义：地层界线及其两侧岩性调查。

(2)点位:横墩岩隧道西出口 10m 处。

(3)露头:人工,良好。

(4)任务:观测岩家河组($\in_1y$)地层与灯影组(Z_2dy)地层的接触界线及其两侧岩性。

(5)背景资料。

点 E 为灯影组(Z_2dy)地层:

为震旦系灯影组上段,岩性为灰白色厚层状白云岩,偶夹燧石条带和燧石结核。

点 W 为岩家河组($\in_1y$)地层:

为寒武系岩家河组,下部为灰黑色薄层页岩、炭质灰岩,上部为灰色中厚层灰岩与灰黑色薄层页岩、粉砂质页岩互层。

岩家河组($\in_1y$)地层与下伏灯影组(Z_2dy)地层为平行不整合接触。二者分界面上,灯影组由纹层状灰岩、白云岩向上变为厚层白云岩,是向上变浅的海退序列,属高水位体系域,显然与岩家河组的海侵的沉积环境有重要差别,故该平行不整合面为一地层结构转换面,反映了岩性和沉积环境的突然变化。

7. 教学点Ⅶ

(1)点义:地层界线及其两侧岩性调查。

(2)点位:横墩岩隧道西出口 200m 处(横墩岩民房南 30m 冲沟处)。

(3)露头:人工,良好。

(4)任务:观测水井沱组地层($\in_1s$)与岩家河组($\in_1y$)地层的接触界线及其两侧岩性。

(5)背景资料。

点 E 为岩家河组($\in_1y$)地层:

岩性为灰白色厚层微晶白云岩夹灰黑色薄层条带状含黏土质细晶灰岩,含燧石结核及粉砂质白云岩。

点 W 为水井沱组($\in_1s$)地层:

薄层灰黑色含炭泥质粉砂岩、炭质页岩、含炭灰岩,微染手(图版Ⅲ-2),发育大量大小不等的灰岩透镜状结核体,最大直径约为 lm 以上(图版Ⅲ-3),产状:200°∠27°。

两组地层产状基本一致,据有关资料,水井沱组($\in_1s$)地层与岩家河组($\in_1y$)地层之间夹有一层火山灰层,因此,二者为平行不整合接触。

8. 教学点Ⅷ

(1)点义:地层界线及其两侧岩性调查。

(2)点位:茶园坡隧道东出口向东 300m 山谷。

(3)露头:人工,良好。

(4)任务:观测石牌组($\in_1sh$)地层与水井沱组($\in_1s$)地层的接触界线及两侧岩性。

(5)背景资料。

点 E 为水井沱组($\in_1s$)地层:

岩性为黑色薄层含炭质细晶灰岩与黑色薄层炭质页岩互层。

点 W 为石牌组($\in_1sh$)地层:

岩性由灰绿色、黄绿色黏土岩,砂质页岩,细砂岩,粉砂岩夹薄层灰岩、生物碎屑灰岩组成。

石牌组($\in_1sh$)地层与下伏水井沱组($\in_1s$)地层平行整合接触。

9. 教学点Ⅸ

(1)点义:地层界线及其两侧岩性调查。

(2)点位:茶园坡隧道西出口处。

(3)露头:人工,良好。

(4)任务:观测天河板组($\in_1 t$)与石牌组($\in_1 sh$)地层的接触界线及其两侧岩性。

(5)背景资料。

点E为石牌组($\in_1 sh$)地层:

岩性为灰绿色、黄绿色黏土岩,砂质页岩,细砂岩,粉砂岩夹薄层泥质条带灰岩、生物碎屑灰岩(图版Ⅳ-1)。

点W为天河板组($\in_1 t$)地层:

岩性由深灰色及灰色薄层状泥质条带灰岩,局部夹少许黄绿色页岩及鲕状灰岩组成,含丰富的古杯类和三叶虫化石。底部以泥质条带灰岩与石牌组($\in_1 sh$)地层的灰绿色薄层状砂质页岩分界;上部以泥质条带灰岩与石龙洞组($\in_1 sl$)地层的厚层状白云岩分界。

天河板组($\in_1 t$)地层与下伏石牌组($\in_1 sh$)地层整合接触(图版Ⅳ-2)。

10. 教学点Ⅹ

(1)点义:地层界线及其两侧岩性调查。

(2)点位:点Ⅸ沿公路向西约200m的加油站处(棕岩头隧道东出口南东30m处)。

(3)露头:人工,良好。

(4)任务:观测石龙洞组($\in_1 sl$)与天河板组($\in_1 t$)地层的接触界线及其两侧岩性。

(5)背景资料。

点E为天河板组($\in_1 t$)地层:

岩性由深灰色及灰色薄层状泥质条带灰岩,局部夹少许黄绿色页岩及鲕状灰岩组成。

点W为石龙洞组($\in_1 sl$)地层:

岩性为灰、深灰色—褐灰色中—厚层白云岩,块状白云岩,上部含少量钙质及少量燧石团块,可见特征明显的风暴角砾岩与核形石灰岩(图版Ⅳ-3);底部以厚层状白云岩与下伏天河板组泥质条带灰岩整合接触(图版Ⅴ-1)。

11. 教学点Ⅺ

(1)点义:地层界线及其两侧岩性调查。

(2)点位:棕岩头隧道西出口。

(3)露头:人工,良好。

(4)任务:观测覃家庙组($\in_2 q$)与石龙洞组($\in_1 sl$)地层的接触界线及其两侧岩性。

(5)背景资料。

点E为石龙洞组($\in_1 sl$)地层:

岩性为灰、深灰色至褐灰色中—厚层白云岩、块状白云岩,上部含少量钙质及少量燧石团块。

点W为覃家庙组($\in_2 q$)地层:

岩性以薄层状白云岩和薄层状泥质白云岩为主,夹有中—厚层状白云岩及少量页岩、石英砂岩,岩层中常有波痕、干裂构造,并有石盐和石膏假晶。

覃家庙组($\in_2 q$)地层与下伏石龙洞组($\in_1 sl$)地层整合接触(图版Ⅴ-2)。

12. 教学点Ⅻ

(1)点义:地层界线及其两侧岩性调查。
(2)点位:台上坪隧道西出口 300m 处。
(3)露头:人工,良好。
(4)任务:观测三游洞组($\in_3 s$)与覃家庙组($\in_2 q$)地层的接触界线及其两侧岩性。
(5)背景资料。
点 E 为覃家庙组($\in_2 q$)地层:
岩性为薄层状白云岩和薄层状泥质白云岩。
点 W 为三游洞组($\in_3 s$)地层:
岩性为灰、浅灰色薄层—块状微—细晶白云岩,泥质白云岩夹角砾状白云岩,局部含燧石。
三游洞组($\in_3 s$)地层以灰、灰绿色粉砂质白云质泥岩以及中厚—厚层白云岩消失与下伏覃家庙组($\in_2 q$)地层整合分界(图版Ⅴ-3)。

教学路线三　肖家湾-郭家坝寒武系—志留系地层及其岩性调查

(一)教学路线

基地→鲤鱼潭隧道口→链子崖→马岭包隧道口→米仓口隧道口→郭家坝→基地。

(二)教学任务

(1)寒武系(∈)—侏罗系(J)的地层岩性调查。
(2)寒武系(∈)—侏罗系(J)地层之间的接触界线调查。

(三)教学点

1. 教学点Ⅰ

(1)点义:地层界线及其两侧岩性调查。
(2)点位:鲤鱼潭隧道西出口处(西陵峡村肖家湾)。
(3)露头:人工,良好。
(4)任务:观测奥陶系(O)地层与寒武系(∈)地层的接触界线及其两侧岩性。
(5)背景资料。
点 E 为寒武系三游洞组($\in_3 s$)地层:
岩性为灰、浅灰色薄层—块状微—细晶白云岩,泥质白云岩夹角砾状白云岩。
点 W 为奥陶系(O)地层:
岩性为厚层灰岩、生物屑灰岩、瘤状灰岩等(图版Ⅵ-1、图版Ⅵ-2)。
此处奥陶系(O)地层与下伏寒武系三游洞组($\in_3 s$)地层的接触关系为断层接触。

2. 教学点Ⅱ

(1)点义:地层界线及其两侧岩性调查。
(2)点位:点Ⅰ沿公路向西约 200m 路口处。
(3)露头:人工,良好。

(4)任务：观测志留系(S)地层与奥陶系(O)地层的接触界线及其两侧岩性。

(5)背景资料。

点E为奥陶系(O)地层：

岩性为深灰色厚层白云岩，风化面为褐黄色。新鲜面深灰色，局部有生物碎屑灰岩和龟裂灰岩。

点W为志留系(S)地层：

岩性为灰绿色中薄层粉砂质页岩，产状：295°∠35°。

志留系(S)地层与下伏奥陶系(O)地层平行不整合接触。

3. 教学点Ⅲ

(1)点义：地层界线及其两侧岩性调查。

(2)点位：链子崖东坡小路。

(3)露头：天然，良好。

(4)任务：观测云台观组(D_2y)地层与纱帽组(S_2s)地层的接触界线及其两侧岩性。

(5)背景资料。

点E为志留系中统纱帽组(S_2s)地层：

岩性为炭质页岩、粉砂质泥岩。

点W为泥盆系中统云台观组(D_2y)地层：

岩性为灰白色中—厚层或块状石英岩状细粒石英砂岩，夹少许灰绿色泥质砂岩。

云台观组(D_2y)地层与下伏纱帽组(S_2s)地层平行不整合接触。

4. 教学点Ⅳ

(1)点义：地层界线及其两侧岩性调查。

(2)点位：链子崖东坡小路。

(3)露头：天然，良好。

(4)任务：观测石炭系(C)与泥盆系(D)地层的接触界线及其两侧岩性。

(5)背景资料。

点E为泥盆系(D)地层：

岩性为灰白色厚层石英砂岩。

点W为石炭系(C)地层：

岩性为灰色中厚层状微晶状生物碎屑灰岩。

石炭系(C)地层与下伏泥盆系(D)地层平行不整合接触。

5. 教学点Ⅴ

(1)点义：地层界线及其两侧岩性调查。

(2)点位：链子崖东坡小路。

(3)露头：天然，良好。

(4)任务：观测二叠系(P)地层与石炭系(C)地层的接触界线及其两侧岩性。

(5)背景资料。

点E为石炭系(C)地层：

岩性为灰色厚层结晶含藻球灰岩、生物屑灰岩夹深灰色中—厚层状微晶灰岩。

点 W 为二叠系(P)地层：

岩性底部为黑色含铁质页岩，含劣质煤及黏土岩、砂岩等；上部为厚—巨厚层灰岩，构成链子崖危岩体。

二叠系(P)地层与下伏石炭系(C)地层平行不整合接触。

6. 教学点Ⅵ

(1)点义：地层界线及其两侧岩性调查。

(2)点位：马岭包隧道南出口处。

(3)露头：人工，良好。

(4)任务：观测大冶组(T_1d)地层与长兴组(P_2c)地层的接触界线及其两侧岩性。

(5)背景资料。

点 S 为二叠系上统长兴组(P_2c)地层：

岩性为深黑色中厚层灰岩。

点 N 为三叠系下统大冶组(T_1d)地层：

岩性为以灰色、浅灰色薄层状灰岩为主，中-上部夹中—厚层状灰岩，时而夹鲕状灰岩、白云质灰岩或白云岩化灰岩，下部为含泥质灰岩或黄绿色页岩，产状：31°∠22。

大冶组(T_1d)地层底界以薄层状灰岩与下伏长兴组(P_2c)灰色中厚层状灰岩整合接触(图版Ⅵ-3)。

7. 教学点Ⅶ

(1)点义：地层界线及其两侧岩性调查。

(2)点位：米仓口隧道东出口沿公路向东约 50m 处。

(3)露头：人工，良好。

(4)任务：观测嘉陵江组(T_1j)地层与大冶组(T_1d)地层的接触界线及其两侧岩性。

(5)背景资料。

点 E 为大冶组(T_1d)地层：

岩性为灰色、浅灰色薄层微晶灰岩。

点 W 为嘉陵江组(T_1j)地层：

岩性为以灰色中—厚层状白云岩、白云质灰岩为主，夹微晶灰岩、岩溶角砾岩。

嘉陵江组(T_1j)地层与下伏大冶组(T_1d)地层整合接触(图版Ⅶ-1)。

8. 教学点Ⅷ

(1)点义：地层界线及其两侧岩性调查。

(2)点位：米仓口隧道西出口沿公路向西约 1km 处(郭家坝隧道东出口向东约 50m 的小沟处)。

(3)露头：天然，良好。

(4)任务：观测巴东组(T_2b)地层与嘉陵江组(T_1j)地层的接触界线及其两侧岩性。

(5)背景资料。

点 E 为嘉陵江组(T_1j)地层：

岩性为薄层—厚层状结晶灰岩夹溶崩角砾岩。

点 W 为巴东组(T_2b)地层：

岩性可分为5部分：即二、四段以紫红—砖红色粉砂岩(图版Ⅶ-2)、泥岩夹灰绿色页岩为主，偶含孔雀石薄膜；一、三、五段以浅灰—深灰色或灰黑色灰岩、泥灰岩为主。

巴东组(T_2b)地层与下伏嘉陵江组(T_1j)地层整合接触。

9. 教学点Ⅸ

(1)点义：地层界线及其两侧岩性调查。

(2)点位：点Ⅷ向西约100m处公路边挡土墙处。

(3)露头：人工，良好。

(4)任务：观测沙镇溪组(T_3s)地层与巴东组(T_2b)地层的接触界线及其两侧岩性。

(5)背景资料。

点E为巴东组(T_2b)地层：

岩性为灰绿色薄层泥灰岩；

点W为沙镇溪组(T_3s)地层：

岩性为含炭质页岩及煤层、顶部为灰黄色厚层石英砂岩(图版Ⅶ-3)。

沙镇溪组(T_3s)地层与下伏巴东组(T_2b)地层平行不整合接触。

10. 教学点Ⅹ

(1)点义：地层界线及其两侧岩性调查。

(2)点位：点Ⅸ向沿公路西约40m处。

(3)露头：人工，良好。

(4)任务：观测沙镇溪组(T_3s)地层与香溪组(J_1x)地层的接触界线及其两侧岩性。

(5)背景资料。

点E为三叠系上统沙镇溪组(T_3s)地层：

岩性为灰黄色厚层石英砂岩。

点W为侏罗系下统香溪组(J_1x)地层：

岩性为黑色厚层底砾岩(图版Ⅷ-1)，含砾石英砂岩，中厚层泥质粉砂岩。

香溪组(J_1x)地层与下伏沙镇溪组(T_3s)地层平行不整合接触。

教学路线四 肖家湾-九畹溪口-周坪地质构造调查

(一)教学路线

基地→风茅公路7.5km处→风茅公路8.0km处→风茅公路8.2km处→九畹溪隧道口→九畹溪沟口→周坪加油站→基地。

(二)教学任务

肖家湾-九畹溪-周坪公路沿线地质构造调查。

（三）教学点

1. 教学点Ⅰ

（1）点义：褶皱构造调查。

（2）点位：风茅公路7.5km处。

（3）露头：人工，良好。

（4）任务：观测风茅公路7.5km处小型褶皱要素（翼部、槽、脊、拐点、枢纽、轴面）。

（5）参考资料：该观测点发育震旦系陡山沱组（Z_1d）地层，岩性为白云岩夹钙质页岩；褶皱轴面近直立，枢纽近SN；总体为两翼部对称的复式背斜（图版Ⅷ-2）。

2. 教学点Ⅱ

（1）点义：断裂构造观测。

（2）点位：风茅公路8.0km处。

（3）露头：人工，良好。

（4）任务：观测风茅公路8.0km处小型断层的发育特征。

（5）参考资料：该观测点发育震旦系灯影组（Z_2dy）下部地层，岩性为灰质白云岩夹黑色钙质泥岩；断层断面产状：270°∠75°；依据标志层和E盘发育的张节理进行分析判断，该断层的运动学性质为正断层（图版Ⅷ-3）。

3. 教学点Ⅲ

（1）点义：劈理构造调查。

（2）点位：风茅公路8.2km处。

（3）露头：人工，良好。

（4）任务：①观测风茅公路8.2km处劈理域、微劈石的发育特征；②分析风茅公路8.2km处劈理的类型；③测量风茅公路8.2km处劈理的发育频度；④观测风茅公路8.2km处劈理的解析面理置换现象。

（5）参考资料：该观测点发育寒武系水井沱组（$\in_1s$）地层，岩性为含炭质灰岩夹炭质页岩；该处微劈石明显表征微劈褶皱特点，因此，其类型无疑为滑劈理，劈面间距为0.5～1.0cm；本点劈理为层间滑动过程中的新生构造面理，可视为S_1，被置换的面理为原生面理S_0，二者的先后关系在露头尺度上清楚可见（图版Ⅸ-1）。

4. 教学点Ⅳ

（1）点义：褶皱构造调查。

（2）点位：风茅公路8.2km处。

（3）露头：人工，良好。

（4）任务：观测风茅公路8.2km处豆荚状褶皱的发育特征。

（5）参考资料：该观测点发育寒武系天河板组（$\in_1t$）地层，岩性为泥质条带灰岩；豆荚状形态为层间或平卧褶皱在纵向垂直剖面的表征（图版Ⅸ-2）。

5. 教学点Ⅴ

（1）点义：地质构造调查。

(2)点位：九畹溪隧道口。

(3)露头：人工，良好。

(4)任务：①观测九畹溪断层的发育特征；②推断九畹溪断层的性质；③观测韩家河-九畹溪背斜的发育特征。

(5)参考资料：该观测点发育寒武系、奥陶系、志留系地层，岩性为白云岩、灰岩、页岩等，断层发生在其间；九畹溪断层：长 40km，产状 90°∠60°，逆断层，近期有活动；褶皱：韩家河-九畹溪背斜，圆弧形宽缓褶皱，近 EW 轴向(图版Ⅸ-3)。

6. 教学点Ⅵ

(1)点义：褶皱构造调查。

(2)点位：九畹溪沟口。

(3)露头：天然，良好。

(4)任务：观测九畹溪沟口褶皱的发育特征。

(5)参考资料：该观测点发育寒武系石龙洞组($\in_1 sl$)地层，岩性为浅灰色中厚层块状白云岩夹溶崩角砾岩；该点处见轴面近水平，枢纽近 EW 走向的平卧褶皱(图版Ⅹ-1)。

7. 教学点Ⅶ

(1)点义：断裂构造调查。

(2)点位：周坪加油站。

(3)露头：天然，良好。

(4)任务：观测周坪仙女山断裂的发育特征。

(5)参考资料：仙女山断裂带位于黄陵穹隆(背斜)西南，距三峡坝最近距离约 19km。它北起秭归荒口以北的风吹垭，在秭归东南石桂山出县境，南止五峰渔阳关，全长约 90km。断裂走向 NW340°～350°，断面西倾，倾角 60°～80°。断裂带由北段仙女山断层、中段都镇湾断层及南段桥沟断层组成，错断古生代及白垩纪地层，导致大多数地段寒武系中上统逆冲于奥陶系、志留系之上，在仙女山附近古生代地层逆冲于白垩系之上。断裂带一般宽 10～100m，由各种构造角砾岩、片状构造岩、挤压透镜体组成(图版Ⅹ-2、图版Ⅹ-3)，其中次级小构造和断裂切割关系反映断裂经历了 4 期构造运动，即早期以右行平移运动为主，中期为 2 次逆冲运动，晚期具张性活动特点。

教学路线五　客运码头岩体风化现象调查

(一)教学路线

基地→客运码头→基地。

(二)教学任务

(1)客运码头对面民房后黄陵岩体风化现象调查。

(2)客运码头对面民房后黄陵岩体节理调查。

（三）教学点

1. 教学点Ⅰ

（1）点义：风化现象调查。

（2）点位：秭归客运码头对面民房后。

（3）露头：人工，良好。

（4）任务：①观测客运码头对面民房后黄陵岩体风化现象；②绘制客运码头对面民房后黄陵岩体风化壳剖面图。

（5）背景资料。

本观测点位于黄陵岩体西南部，岩性为黑云母石英闪长岩（$\delta\beta o_2^{2-1}$，灰白色，风化面呈黄褐色，中粗粒结构，块状构造。主要暗色矿物有黑云母、角闪石；浅色矿物有斜长石、石英和钾长石等。

岩体风化剖面为一人工开挖边坡，从坡顶到坡脚可分为 4 个风化带，即：全风化带、强风化带、弱风化带和微风化带（图版Ⅺ-1）。

A. 全风化带。

全风化带位于人工边坡顶部以上自然斜坡，风化岩石整体颜色为灰黄至褐黄色，表层为腐殖土所覆盖。岩石风化成土状或砂土状，含有砂砾状碎屑。整体结构疏松呈土状，用手指可捏碎。岩石中大部分矿物严重风化变异，颜色改变，如长石变成了高岭土、绢云母及绿泥石或蒙脱石；黑云母变为蒙脱石；角闪石被绿泥石化；石英解体失去光泽等。据相关资料，该风化层的纵波速度为 0.5～1.0km/s。

B. 强风化带。

强风化带位于人工边坡上部，风化岩石整体颜色为灰黄色，岩体原生结构破坏严重，呈半松散或碎块状态，由碎块石体夹坚硬、半坚硬岩石组成，碎块石用手可压碎。除碎块石内部外，矿物已严重风化变异，只是程度较全风化者轻，产生以水云母为主的次生矿物。据相关资料，该风化层的纵波速度为 2.0～3.0km/s。

C. 弱风化带。

弱风化带位于人工边坡中部，除裂隙面外岩石整体上保持原岩的颜色，由坚硬、半坚硬岩石夹疏松碎块石组成，岩体整体为块状构造，较完整，锤击声不够清脆。主要裂隙面产生一定厚度的风化层，从上至下裂面风化层厚度从几十厘米到几厘米不等。矿物风化变异较轻，产生以水云母为主的次生矿物。据相关资料，该风化层的纵波速度为 3.1～5.5km/s。

D. 微风化带。

微风化带位于人工边坡下部，除裂隙面外岩石整体上保持原岩的颜色，由坚硬岩石组成，岩体完整，锤击声清脆。矿物风化变异轻，仅沿裂隙面发育有 1mm 左右的风化膜，并有变色现象。据有关资料，该风化层的纵波速度为 4.6～5.6km/s。

2. 教学点Ⅱ

（1）点义：断裂构造调查。

（2）点位：客运码头对面民房后。

（3）露头：人工，良好。

(4)任务:①观测秭归客运码头对面民房后黄陵岩体节理发育特征(密度、方向、宽度、长度、相互切割关系、张开程度及其充填情况等);②绘制秭归客运码头对面民房后黄陵岩体节理玫瑰花图。

教学路线六　泗溪河流地貌和沉积物调查

(一)教学路线

基地→向王洞大桥→过河口→基地。

(二)教学任务

(1)茅坪河(向王洞大桥—过河口村段)河流地貌调查。
(2)茅坪河(向王洞大桥—过河口村段)流水作用形成的沉积物调查。

(三)教学点

1. 教学点Ⅰ

(1)点义:河流地貌调查。
(2)点位:向王洞大桥。
(3)露头:人工,良好。
(4)任务:①调查茅坪河(向王洞大桥—过河口村段)发育特征、水文特征以及水体特征;填写地表水点综合调查表(附表1);②观测茅坪河(向王洞大桥—过河口村段)河流地貌的形态特征;③绘制茅坪河(向王洞大桥—过河口村段)河流地貌横剖面形态图;④分析茅坪河(向王洞大桥—过河口村段)河流地貌的形成过程。
(5)参考资料:茅坪河(向王洞大桥—过河口村段)为典型的山间河流地貌,两侧为低中山,中间凹地由河水侵蚀冲刷而成。河谷由谷坡和谷底两部分组成:河谷两侧的斜坡为谷坡,发育有一级河流阶地,宽0.2～1.5km不等,长约2.5km,阶地面比较平坦,微向河流倾斜,现已被改造为农田(图版Ⅺ-2);谷底比较平坦,由河床和河漫滩组成。河床裸露基岩为黄陵岩体,河流两侧发育有堆积河漫滩,河漫滩具有下部为砂砾、上部为细中砂的二元结构,岩性成分为来自上游集水区的灰岩、白云岩、砂岩等。

2. 教学点Ⅱ

(1)点义:沉积物调查。
(2)点位:沿沟谷向下游行走,到张家冲沟口。
(3)露头:人工,良好。
(4)任务:①观测茅坪河(向王洞大桥—过河口村段)流水作用形成的沉积物的岩性特征;②分析茅坪河(向王洞大桥—过河口村段)流水作用形成的沉积物的形成过程。
(5)参考资料。

沿茅坪河(向王洞大桥—过河口村段)从向王洞大桥向下游行走到张家冲沟口,沿途可观测到两种不同成因类型的流水作用形成的沉积物:冲积物、洪积物。

冲积物,由河流携带上游泥砂砾石进入下游低平地区堆积而成,并沿下游河谷地段呈带状或片状分布；剖面具有上细下粗的二元结构特点，从上而下大致分为4层：

①粉质黏土，含少量砾石，可塑状，厚约30cm。

②粉、细砂，稍密状，厚约50cm。

③砾、卵石，含细粒土(35%左右)，稍密状，厚约2.0m。

④漂、卵石，次圆—圆状，成分以砂岩、灰岩为主，中密状(图版Ⅺ-3)；主要分布在茅坪河(向王洞大桥—过河口村段)河谷右岸平缓地区和左岸下游犀牛困泥附近；砾石成分主要是花岗岩、灰岩、白云岩和砂岩。

洪积物，由间歇性洪流携带泥砂在山口开阔地带沉积而成，多呈锥形或扇形分布，从山口往外洪积物颗粒由粗变细，厚度逐渐变小；岩性主要由砂砾石、黏土组成，砾石磨圆不好，分选性差(图版Ⅺ-4)；主要分布在茅坪河(向王洞大桥—过河口村段)河谷右岸中上游狭长的平缓地带；砾石成分主要为花岗岩、灰岩、白云岩和砂岩。

第三节　教学方法

由于参与实习的学生已具备了基础地质的相关基本理论知识和实践知识，因此，在开始每条实习路线的教学时，先由指导教师把本路线的教学任务布置给学生，然后由学生独立自主地在每个教学点观测、描述、分析并拍照、绘图、记录，指导教师根据学生的表现随时进行有针对性的指导。学生在每个教学点完成任务后，指导教师对学生的具体表现进行点评并就教学内容进行小结；在完成每条路线的教学任务后，指导教师在野外现场进行路线教学内容总结。

第四节　教学要求

(1)野外实习现场，要求参与实习的学生以小组为单位，开展地质现象的观察、测量、鉴别、描述、分析和总结以及样品的采集；并及时拍照、绘图、记录野薄和填写相关表格(附表2、附表3)。

(2)野外实习结束返回基地，要求参与实习的学生以小组为单位，开展当天实习路线的总结，填写野外调查路线表(附表4)；对采集的岩(土)样品进行测定，并填写附表5、附表6。

第八章　水环地质路线阶段教学内容

本阶段的教学任务是水文地质和环境地质方面的实践知识的实习教学。

第一节　教学目的

在路线教学指导教师的指导下，参与实习的学生通过调查实习区内各种类型的水文地质现象和环境地质现象，并结合实习区的地质条件和人类活动特征等，深入分析和系统总结实习区的水文地质条件（不同类型地下水的赋存特征和迁移规律、存在的主要水文地质问题等）、地质环境条件（地质环境基本特征、存在的各种类型的地质环境问题等）。其目的是培养学生：

（1）学习并掌握水文地质和环境地质野外调查的基本知识、基本技能和基本方法。

（2）巩固和加深对本专业理论知识的理解和掌握。

（3）逐步形成独立地发现问题、提出问题、分析问题和解决问题的专业思维能力。

第二节　教学内容

本阶段安排了10条教学路线：

路线七　凤凰山裂隙水调查。

路线八　泗溪岩溶水调查。

路线九　长岭地区水的开发利用调查。

路线十　张家冲小流域水土流失与水土保持调查。

路线十一　高家溪岩溶地质与棺材山危岩体调查。

路线十二　链子崖危岩体和新滩滑坡调查。

路线十三　金缸城卫生垃圾填埋场环境地质调查。

路线十四　月亮包金矿环境地质调查。

路线十五　三峡水库枢纽工程环境地质调查。

路线十六　现场试验。

教学路线七　凤凰山裂隙水调查

（一）教学路线

基地→凤凰山→基地。

(二)教学任务

(1)县城步行街民井调查。

(2)凤凰山泉调查。

(三)教学点

1. 教学点Ⅰ

(1)点义:井调查。

(2)点位:县城步行街民井。

(3)任务:①调查步行街民井的特征;②调查步行街民井水的特征;③绘制步行街民井的平面图、剖面图;④填写机(民)井调查表(附表7)。

(4)背景资料。

井的特征:井口直径为0.8m、井底直径1.0m、井深2m,井口高出地面0.4m,井壁结构为浆砌红砖。井水特征:气温为25℃,水温为20℃,无色无味,清澈透明,电导率为665μs,pH为7.04,矿化度为0.168g/L,总硬度为86.656德国度。井水位距井口约1.5m,开采方式为用水桶打水;井水主要用途为步行街当地居民的生活用水,但不作为饮用水(图版Ⅻ-1)。

井所处含水层为黄陵岩体风化带网状裂隙含水层,其主要接受大气降水补给。据访问,井水位动态随季节变化比较小。

2. 教学点Ⅱ

(1)点义:泉调查。

(2)点位:凤凰山南侧公路旁凤凰山泉。

(3)任务:①观测凤凰山泉的发育特征(位置、水文特征、水的物理性质和化学性质等);②调查凤凰山泉的发育条件(自然地理条件、地质环境条件等);③绘制凤凰山泉的平面图、剖面图,分析凤凰山泉的形成原因及其水文地质意义;④填写泉点调查表(附表8)。

(4)背景资料。

凤凰山泉位于凤凰山南侧公路旁,发育在黄陵岩体风化带网状裂隙含水层,由大气降水补给,泉流量约为0.005L/s,流量动态季节变幅小,泉水的主要用途为附近当地居民的饮用水(图版Ⅻ-2)。泉水的总体化学特征:温度为15~25℃,电导率为271μs,pH为7.16,矿化度为0.153g/L,总硬度为5.944德国度。

教学路线八　泗溪岩溶水调查

(一)教学路线

基地→鱼泉洞→迷宫泉→五叠水瀑布→基地。

(二)教学任务

(1)鱼泉洞泉调查。

(2)迷宫泉调查。

(3)五叠水瀑布调查。

(三)教学点

1. 教学点Ⅰ

(1)点义:泉调查。

(2)点位:鱼泉洞口。

(3)任务:①观测鱼泉洞泉的发育特征(位置、水文特征、水的物理性质和化学性质等);②观测鱼泉洞泉的发育条件(自然地理条件、地质环境条件等);③绘制鱼泉洞泉的平面图、剖面图,分析其形成原因;④填写泉点调查表(附表8)。

(4)背景资料。

鱼泉洞泉发育在寒武系地层中,渗流途径较短,流量变化比较大,一般为0.000 5～2m^3/s,与当地降水的关系极为密切;洞内有沉积的细粒土(图版Ⅻ-3)。泉水的总体化学特征:温度为13～24℃,电导率为280μs,pH为6.55,矿化度为0.223g/L,水化学类型为重碳酸钙镁型。

鱼泉洞口处于天河板组和石龙洞组的分界点,点北侧为天河板组的薄层泥质条带灰岩,点南侧为石龙洞组微晶白云岩。天河板组的薄层泥质条带灰岩相对于石龙洞组微晶白云岩的透水性为区域相对隔水岩层,使得该处地下水运动受阻,成为地下水的排泄带,进而促使该处岩溶发育成洞。

2. 教学点Ⅱ

(1)点义:岩溶水调查。

(2)点位:迷宫泉泉口。

(3)内容:①观测迷宫泉的发育特征(位置、水文特征、水的物理性质和化学性质等);②调查迷宫泉的发育条件(自然地理条件、地质环境条件等);③绘制迷宫泉的平面图、剖面图,分析其形成原因;④填写岩溶水点综合调查表(附表9)。

(4)背景资料。

迷宫泉发育在寒武系地层中,水来自岩溶管道(图版Ⅻ-4),渗流途径比较长,流量为0.5～5m^3/s;泉水的总体化学特征:温度为10～18℃,电导率为301μs,pH为6.52,矿化度为0.208g/L,水化学类型为重碳酸钙镁型。

3. 教学点Ⅲ

(1)点义:岩溶水调查。

(2)点位:五叠水瀑布。

(3)任务:①观测五叠水瀑布的发育特征(位置、水文特征、水的物理性质和化学性质等);②调查五叠水瀑布的发育条件(自然地理条件、地质环境条件等);③绘制五叠水瀑布的平面图、剖面图,分析其形成原因;④填写岩溶水点综合调查表(附表9)。

(4)背景资料。

五叠水瀑布,发育在泗溪的支流——大溪,位于泗溪景区最南端,所处地形似天坑,坑底海拔349m,最高峰达1 031m。

天坑东部,灌木丛生,四季常青。

天坑南部,上段部分为灰白色圆形绝壁,常年不见阳光,未经雨水冲刷,但是三县水(宜昌、长阳、秭归)越过绝壁，飞流直下；下段山泉涌注，灌木丛生，四季常青。

天坑西部，即为三峡地区落差最大的瀑布、亚洲第一高叠水型瀑布——五叠水瀑布。

天坑北部，似一条地缝，最窄处不足十米，将天坑所有来水汇集于此，顺沟谷汇入泗溪流10km后，汇入长江。

五叠水瀑布，自海拔884m处分五级飞流直下，每个瀑布临一道悬崖，总落差达535m。

第一叠水：落差51m，水源来自海拔884m的神龙洞，喷涌而下，仰视似天上来水，俗称“神龙吐水”。

第二叠水：落差159m，上段似一块晾晒白布，中段似大雨倾盆，下段散成水雾，在阳光照射下，彩虹相伴，置身其中，犹如神仙。叠水内巨大岩屋，深达数十米，小型飞机可从叠水内穿越而过，俗称“彩虹引水”。

第三叠水：落差110m，叠水毫无遮拦，洒脱而下，右岸古树成林，遮天蔽日，瀑布底部为扇贝形深潭，响如惊雷，俗称“惊天落水”。

第四叠水：落差103m，上段是水冲石槽，蜿蜒而下，在中间冲刷出一个石臼形深潭；下段水流被长期沉积的流砂散开，像大量珍珠洒落，在底部形成了一个巨大的深潭，俗称“珍珠(流砂)散水”。

第五叠水：落差68m，瀑布飞流直下，直抵天坑底部，形成了一个水潭，深不可测，来水多，去水少，俗称潜龙吸水。因在谷底仅能见三级瀑布，故又称之为“三吊水”。

瀑布似一条巨龙从山巅飞泻而下，跌入谷底深潭之中，潭面雾气冲天，岩上水花飞溅，气势磅礴，雄伟壮观(图版Ⅻ)。

五叠水瀑布流量动态变化极大，为0.2～120m^3/L，与大溪上游集水地区的大气降水关系密切：大溪主要发育在奥陶系中下统地层分布地区，该地区岩溶比较发育，接受大气降水后，流量、水位动态变化非常强烈，变化迅速而且缺乏滞后，暴涨暴落。五叠水的总体化学特征：温度为15～20℃，电导率为286μs，pH为6.49，矿化度为0.184g/L，水化学类型为重碳酸钙镁型。

教学路线九　长岭地区水的开发利用调查

(一)教学路线

基地→邵家湾水库→茶园→水厂→基地。

(二)教学任务

长岭地区水的开发利用调查。

(三)教学点

1. 教学点Ⅰ

(1)点义：水的开发调查。

(2)点位：邵家湾水库。

(3)任务：①了解邵家湾水库的概况；②调查邵家湾水库的功效；③调查邵家湾水库的地质环境条件；④填写地表水点综合调查表(附表1)。

2. 教学点Ⅱ

(1)点义:水的利用调查。

(2)点位:长岭茶园。

(3)任务:①了解微润灌溉的原理;②调查茶园微润灌溉的模式。

3. 教学点Ⅲ

(1)点义:水的利用调查。

(2)点位:长岭水厂。

(3)任务:①了解生物慢滤的原理;②调查水厂生物慢滤净水过程;③绘制生物慢滤净水过程图。

(四)背景资料

1. 概述

秭归县境内群山起伏,沟壑纵横,降雨时空分布不均,储蓄水能力较差,又无大的水利设施,十年九旱。近几年来,秭归县探索出山区雨洪集蓄、微润灌溉和生物慢滤水处理技术等水的开发利用模式,充分实现了高效节水灌溉,保证了农村饮水的安全,有效地解决了山区缺水问题,有力地促进了全县经济社会的发展。

2. 水的开发

在茅坪镇松树坳村、长岭村等茶叶产区,进行了"雨洪集蓄,库(塘)渠相连,渠池相通,田间建池,管网配套"山区雨洪集蓄利用模式,并在实践中形成了"修库引水""抢洪蓄水""坡地集水"三类水的开发模式。

1)"修库引水"型

即对有水源的地区,依托已有的水库、堰塘等公共水利设施进行整修,将水通过渠道和管道引到分户建设的水池、水窖,实现田间蓄水,水渠和管道为"长藤",分户池(窖)为"瓜"。目前在秭归县以这种类型建设最为普遍。

例如,修建于20世纪60年代的长岭村绍家湾水库(ⅪⅤ-1),小(二)型水库,是一座调洪、拦泥、蓄水灌溉和小流域综合治理多功能的水库,历经半个多世纪的风雨,"滴冒跑漏"情况严重,导致水资源被白白浪费。2013年,通过除险加固(主要内容有大坝加厚、面坡混凝土防渗、大坝基础旋喷灌浆防渗、溢洪道和输水管道整治)后,可蓄水达26万m^3,灌溉面积可达5 600亩,安全饮水范围覆盖了长岭、金缸城、兰陵溪、松树坳4个村15 000人。

2)"抢洪蓄水"型

在没有水源但靠近山洪沟的地方,利用山洪沟抢引暴雨形成的山洪到田间水池存储以备旱季抗旱(图版ⅪⅤ-2)。

这种模式在坡度达35°以上的屈原镇西陵峡村运用后,效果很好,每次降雨在30 mm以上时能够满足各农户所建的抗旱水池。

3)"汇集雨水"型

在既无水源又无山洪沟的坡地,集雨面做汇水沟,将雨水汇集引入田间抗旱水池,用沉沙池保土,既能蓄水,又能减少水土流失(图版ⅪⅤ-3)。

3. 水的利用

1)微润灌溉

微润灌溉是用微量的水以缓慢渗透方式向土壤给水、使土壤保持湿润的一种新型地下灌溉方式。它将半透膜技术引入灌溉领域，在微润管内外水势梯度差驱动下，水分以一定速度缓慢地、定量地向管外迁移，实现对植物全生育期的持续灌溉(图版XV-1)。

微润管可以24小时不间断供水，并能够按照植物的需求量来调节供水量，当土壤干燥时，水就从管中渗出，被树根吸收；当土壤湿润到一定程度时，它会自动停止输水，既满足了作物的需要，又最大程度地节约了水资源。

施肥时，将水溶性肥掺到水池里，可自动为果树均匀施加可溶性肥料或农药，提高了药、肥的利用率。

农田浸润式灌溉，使土壤不板结，养分不流失，有助于土壤可持续利用，使作物不缺水、不缺肥，既提高了品质，又增加了产量。

微润灌溉可以使水分直接集蓄在作物根部，并根据土壤的湿度来调节，减少了水的渗透量、蒸发量和径流量。根据国家统计数据，每亩农作物喷灌一年所需水量大约是$400m^3$，滴灌大约需要$200m^3$，而微润灌则只需要$70m^3$，非常适合秭归这种常年干旱缺水的喀斯特地貌地区。不仅仅是节水，微润灌溉系统安装完成后就不需要动力推动，节水的同时更加节能。

2)生物慢滤净水

农村饮水安全既要解决量的问题，又要解决质的问题。针对秭归县泉水资源相对丰富，山区水流压力大的特点，其县水利局探索和运用新技术、新材料、新工艺，采取以自压引水和生物慢滤水处理的模式，有效地解决了农村饮水水质安全与水量问题。

(1)基本原理。

A.生物黏膜的形成。

生物慢滤水处理技术基本原理是充分利用山沟溪水(冲沟水、水库水、堰塘水)自流，缓慢通过粒径d为0.1～0.3mm、厚度大于50cm的滤料(石英砂或河砂)过滤，由于滤料表面吸附和截留了水中的有机物及矿物质，这就为水流中微生物的生长提供了营养。在太阳光照射下，微生物在慢滤池中的细砂表面生长、繁殖，随着时间的推移，一般为1～2个月，在慢滤池滤料表面会形成一层厚度为1.5cm左右、含有多种微生物或藻类的生物黏膜。

B.水质净化机理。

生物黏膜在生物慢滤技术中具有双重作用，生物黏膜的物理吸附、截留作用和黏膜中微生物的捕食、被捕食及生物化学作用，使水体中的细菌总数控制在安全饮用水的标准指标内。慢滤池中的滤层中所吸附的有机物及矿物质为微生物的生长繁殖提供了营养，于是在滤料表面存在着各种类型的微生物群体甚至微型动物，并形成了有机物、细菌、原生动物的食物链。在微生物作用下，含碳有机物被氧化成水和二氧化碳；进而在亚硝化菌作用下转化成亚硝酸，又在硝化菌作用下转化为硝酸；在缺氧条件下，这些硝酸在反硝化菌作用下还可进一步转化为氮气扩散到水中，由此去除了水中可致病的硝酸盐等有机物质。通过生物化学过程，水中的有机物几乎完全除去。而细菌或由于食物链的存在被捕食，或被下层滤料截留后被捕食，或在滤层内死亡，成为其他菌体的营养源。实践证明，滤层厚度大于50cm时，慢滤可除去水中所有的致病微生物。

由于生物黏膜的存在，使滤料的间隙减小，可以截留水中所有的悬浮杂质，通过细砂和生物膜的过滤、絮凝，使水体的浑浊度、铁锰含量、溶解性总固体个数等指标达到国家规定的标准。

(2)生物慢滤水处理技术工艺流程。其流程是从溪沟、水库或堰塘自流引水至粗滤池和慢滤池，通过粒径0.1～0.9mm、厚度为100cm的滤料(石英砂或河砂)过滤，从而达到净化水质的目的(图8-1)。

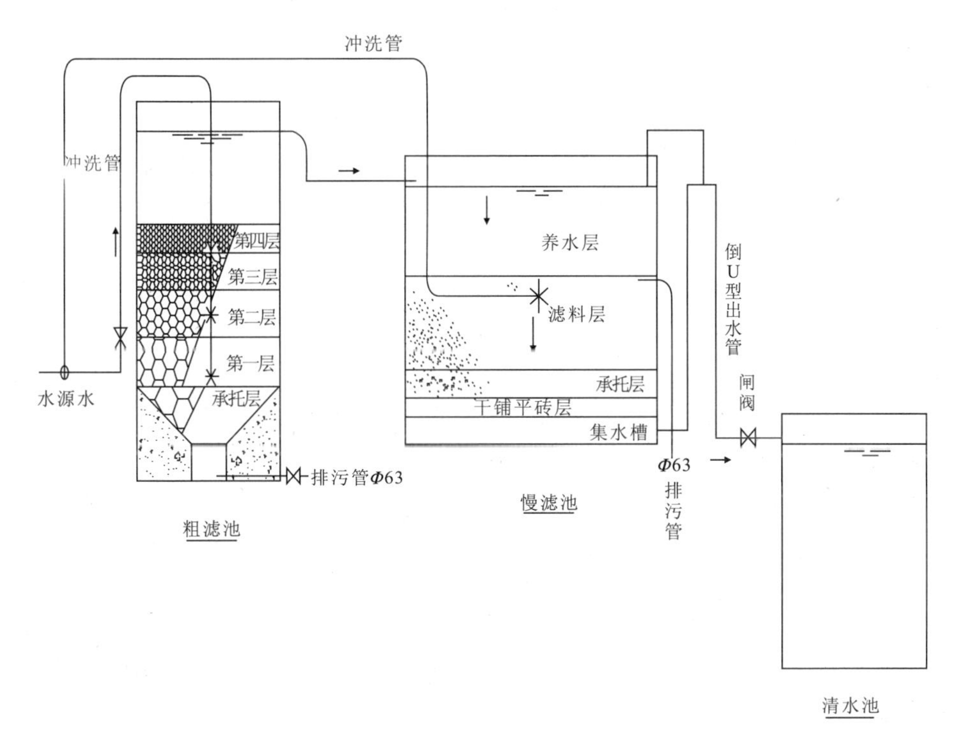

图8-1　生物慢滤水处理技术工艺流程图

水源水包括雨水、山泉水、堰塘水、水库水等，其浑浊度为10～30度。

引水管道均采用有压PE管、PVC管，压力等级为1.0～1.60MPa。

粗滤池为加盖圆形钢筋砼或方形钢筋砼结构，容积视规模确定。其中填充滤料(河砂及河卵石)，顺水流方向滤料由粗到细排列。

慢滤池为无盖圆形钢筋砼或方形钢筋砼结构，滤速为0.2～0.4m/h，按每100人慢滤面积为1～1.5m^2确定。其中填充滤料采用河砂，滤料粒径控制在最小粒径0.3mm，最大粒径1.0mm的范围内，滤料层厚度1.0m；顺水流方向滤料由细到粗排列，慢滤池表面至少应有20cm的水深。

清水池为圆形钢筋砼或方形钢筋砼结构，加盖并覆盖50cm左右黏土，清水池的调节容积一般按日供水规模的30%～50%设计。

生物慢滤的原理：借助于滤料表面自然形成的生物滤膜上的寄生微生物群，由它们的新陈代谢活动和滤膜、滤料的过滤作用，吸收水中的各类胶体及矿物质来净化水质，这是生物化学过程和物理吸附过程共同作用的结果。由于滤料表面吸附和截留了水中的有机物及矿物质，为水流中微生物的生长提供了营养，在太阳光的照射下，微生物在慢滤池中的细砂表面生长、繁殖，随着时间的推移，大约经过一至两个月，滤料表面就形成了一层含有多种微生物或藻类生物的表面黏膜。通过生物黏膜的物理吸附、截留作用和黏膜中微生物的捕食、被捕食及生物化学作用，达到水质净化效果。

(3)产生的效益。

秭归县为了解决中小型供水工程水质问题，探索推广应用的生物慢滤水处理新技术，是一种不用任何机械动力和化学药剂的水处理方法，具有强大的生命力，特别适合山区丘陵地带中小型供水工程。至2009年底，全县已建成生物慢滤水厂96处，使5.2万人饮上了生态环保的卫生水，在全省起到了典型示范作用。

在茅坪镇长岭村、郭家坝荒口坪村、周坪乡芝兰集镇、杨林桥镇三渡河村、沙镇溪镇马家山村、归州镇贾家店村等地所建的集中供水工程，按照三池(粗滤池、慢滤池、清水池)集中、封闭运行、厂区整洁、厂景美观的要求，各地兴建的饮水安全工程已成为农村小康建设中的一个亮点和景观(图版XV-2、图版XVI-1)。

秭归山区水的开发利用模式有效地解决了山区农村生活生产用水难题，产生了明显的经济效益、生态效益和社会效益。

A. 经济效益。

一是降低抗旱成本。以前的农业是“靠天吃饭”，遇到天旱需要大笔经费投入抗旱，如今在田间地头建抗旱水池，农民一次投入，终身收益，节约了抗旱投入。

二是农产品增产增收。分户分田块建池，可对农田适时灌溉、均衡灌溉，确保农作物顺利生长，同时减少因干旱带来的病虫害，从而使农产品的产量和质量大幅上升，使农民收入大幅增长。

三是有利于产业结构调整。分户建池、田间蓄水、节水灌溉的广泛实施，促进了传统旱作农业向集水农业转变，农民开始自觉地调整种植结构，使柑橘、蔬菜、烤烟、茶叶等经济作物有了较快发展。

B. 生态效益。

一是暴雨季节抢洪蓄水，洪水进池存储以备旱季抗旱，洪水的泥沙沉积后返回田间，有效减少水土流失，有效减少因洪水冲刷而导致的坍塌事故的发生。

二是实现了农田浸润式灌溉，使土壤不板结，团粒不破坏，养分不流失，有助于土壤可持续利用。

C. 社会效益。

分户建池、田间蓄水、节水灌溉使农民可以就近取水灌溉田块，减轻了农民劳动强度，还避免了抗旱高峰时期村民争水、抢水事件的发生，促进“乡风文明”建设，有利于社会稳定。

教学路线十　张家冲小流域水土流失与水土保持调查

(一)教学路线

基地→张家冲小流域→基地。

(二)教学任务

张家冲小流域水土流失与水土保持调查。

(三)教学点

(1)点义:小流域水土流失与水土保持调查。

(2)点位:张家冲小流域。

(3)任务:①调查张家冲小流域水土流失现状;②调查张家冲小流域水土流失的危害;③调查张家冲小流域水土保持措施,分析张家冲小流域水土保持过程中存在的问题;④分析张家冲小流域水土流失的成因;⑤填写水土流失(土壤侵蚀)调查表(附表10)。

(4)背景资料。

张家冲小流域位于秭归县茅坪镇西南部,系茅坪河支流,距三峡大坝5km,距秭归新县城8.5km,在瓮桥沟汇集流入茅坪河。流域内共有176户,610人,土地总面积1.62km²,共有耕地43.2hm²(大于25°的耕地15.6hm²),林地98.1hm²(其中疏幼林地40.7hm²,经果林7.5hm²),草地3.3hm²,荒山荒坡8hm²,非生产用地9.3hm²。该流域属山地丘陵地貌,最低海拔148m,最高海拔530m。下部较为平缓,中上部坡度较陡。该流域属典型的花岗岩出露发育区域,土壤为花岗岩母质出露发育的石英砂土,植被以亚热带常绿、落叶阔叶林和针阔混交林为主,林特资源有低山河谷的柑橘,半高山的茶叶、板栗,高山的木材。林草覆盖率达到62.6%。水土流失类型主要为水力侵蚀,以面蚀为主,主要发生在坡耕地、疏残幼林和植被覆盖率低的地方。由于面蚀涉及面积广,被侵蚀的多是肥沃的表层土,既流失土壤,又损失肥力,因此水土流失是造成花岗岩区土壤地力、土地生产力降低的主要因子之一。据调查,张家冲流域2003年水土流失面积达0.97km²,占土地总面积的60%,其中轻度流失24.1hm²,占流失总面积的24.8%,中度流失49.5hm²,占50.9%,强度流失8.0hm²,占8.2%,极强度流失15.6hm²,占16%。土壤侵蚀总量达到6 705t · a,水土流失十分严重。

长期以来由于人们无限度的开发利用坡地,造成大量森林植被被破坏,植被覆盖率下降,水土流失十分严重,生态环境严重恶化,坡耕地的利用改良越来越引起人们高度重视。为研究探讨花岗岩区试验示范水土保持流失规律,试验示范水土保持新科技、新技术,秭归县水土保持局在张家冲小流域开展流域水文、水蚀小区和小气候的试验研究。既有利于改善生态环境,扩大移民环境容量,又有利于保持水土,减少注入长江泥沙,对于推动库区水土流失治理,提高坡地持续生产能力、扩大库区环境容量、改善生态环境具有重要的理论研究意义和实际应用价值。科研试验观测项目主要有以下几个。

①流域调查,调查指标:土壤侵蚀面积动态统计,水土保持公众参与调查统计,小流域社会经济情况,小流域开发建设项目水土流失情况,小流域水土流失现状,小流域土地利用现状,小流域植被调查,小流域水土保持规划,小流域水土保持治理成果,植被线路调查登记,水土保持工程质量调查。

②小气候观测,观测内容:观测降水,气温,湿度,蒸发,日照,地面0cm、地面最高、地面最低和地中5cm、10cm、15cm、20cm温度;观测方式:采用仪器自动和人工测验相结合,以人工观测记录校核自动记录数据;观测时段:2:00、8:00、14:00、20:00;观测指标:小流域降雨量(含各点降雨量),5min、15min、30min、60min、120min的雨强摘录,小流域平均温度、湿度、有效积温,天气现象记录,小流域水面蒸发量,日照时数,地面0cm、地面最高、地面最低和地中5cm、10cm、15cm、20cm温度。

③水文观测,观测内容:水位、流速、含砂量、输砂率、水质变化过程;观测方式:采用仪器自

动和人工测验相结合，以人工观测记录校核自动记录数据；观测时段：2：00、8：00、14：00、20：00，洪峰加密人工观测次数，观测水位、流量和泥沙变化过程，监测河水中N、P、K养分的流失量；观测指标：小流域逐日平均水位、流量、含砂量、悬移质、推移质输砂率，洪水水文要素，小流域行洪期水位、流量变化过程，流域河水径流中N、P、K养分的流失量。

④试验小区。

a. 标准小区（图版Ⅻ-2），观测内容：主要测量天然降雨侵蚀下径流总量、径流深、径流系数和悬移质侵蚀模数，农作物、经济林、植物篱生物量、投入产出管理状况和效益，为获取不同雨强下的径流泥沙量，开展人工模拟降雨量实验，全方位收集不同雨强下的径流量、侵蚀模数；观测指标：不同土地利用现状下侵蚀雨量摘录资料，不同耕作措施和种植方式下的径流总量、径流深、径流系数和侵蚀模数，农作物、经济林逐年生长状况、投入、产出管理及效益分析，人工模拟降雨不同雨强下的径流、产沙过程，不同植被覆盖度、不同土地利用现状下的水土流失量，“植物篱＋经济林”水土保持效益，不同土地利用现状下的土壤水分、养分的理化性质，空气中氧化氩氮的释放量，土壤水分、养分和理化性质，不同坡度下的径流、泥沙流失量。

b. 观测小区，观测内容：相同土壤特性、植被、相同管理方式下不同坡度的降雨量、径流总量、径流深、径流系数和悬移质侵蚀模数，农作物、经济林、蔬菜物候期生长状况及投入产出效益，林地生长状况、植被覆盖度、生长量、水土流失量，测验温室气体中氧林地生长状况、植被覆盖度、生长量、水土流失量，测验温室气体中氧化氩氮、二氧化碳的排放量；观测指标：不同土地利用现状下的侵蚀雨量，农作物、经济林年生长状况、投入、产出管理及效益分析，不同植被覆盖度、不同土地利用现状下的径流总量、径流深、径流系数和侵蚀模数，“植物篱＋经济林”水土保持效益，小流域流域植被覆盖度历年变化情况。

教学路线十一　高家溪岩溶地质与棺材山危岩体调查

（一）教学路线

基地→林子淌→棺材山→基地。

（二）教学任务

（1）林子淌岩溶地质调查。

（2）棺材山危岩体调查。

（三）教学点

1. 教学点Ⅰ

（1）点义：岩溶地貌调查。

（2）点位：和尚洞。

（3）任务：①观测和尚洞的发育特征（位置、形态、规模等）；②调查和尚洞的发育条件（自然地理条件、地质环境条件等）；③绘制和尚洞的剖面示意图，分析和尚洞的形成原因。

（4）背景资料。

A. 发育特征。

和尚洞洞口宽大，呈三角形（图版ⅩⅦ-3），实测洞口高40m、宽21.3m，宽高往内延伸空间稍微加大，在洞口向里8m处测得洞宽23m、洞高50m，洞深度约为52m；洞壁发育有岩溶裂隙，贯穿洞顶和洞底；洞顶和洞壁上发育有石钟乳（图版ⅩⅦ-1）；洞内见厚约数米的堆积物，堆积物成因既有溶洞形成过程中的崩塌堆积物（图版ⅩⅦ-2），也有洞外地表水向洞内流动过程中形成的流水沉积物（图版ⅩⅦ-3）。因此，该处堆积物与纯粹的洞穴堆积是有区别的。

B. 发育条件。

和尚洞发育在灯影组第二层的青灰色薄层白云岩中，为可溶性岩石；其下为震旦系陡山沱组（Z_2d）薄层炭质页岩和石煤，为相对隔水岩层。构造上为一向南东倾斜的单斜构造，岩层产状：倾向144°～150°；倾角10°～17°。岩体内发育有一个南东向小断层，节理裂隙十分发育。

C. 成因分析。

此处灯影组白云岩中节理、断裂发育。南东向小断层与区域北西向断裂在此交会，为地下水活动创造了条件，加上当地大气降水频繁、且地处分水岭地区，地下水循环交替条件好。在有利的地形地貌和水文地质环境下断裂交会处发育了和尚洞。

2. 教学点Ⅱ

（1）点义：岩溶地貌调查。

（2）点位：林子淌公路急拐弯处。

（3）任务：①观测林子淌—雾河村公路旁岩溶洼地的发育特征（位置、数量、形态、规模等）；②调查林子淌—雾河村公路旁岩溶洼地的发育条件（自然地理条件、地质环境条件、人类活动等）；③绘制林子淌—雾河村公路旁岩溶洼地的平面分布示意图，分析岩溶洼地的形成原因及其水文地质意义。

（4）背景资料。

A. 发育特征。

由林子淌—雾河村公路两侧发育规模较大的岩溶洼地4个（图8-2）：

Ⅰ号洼地位于林子淌北侧U型公路拐弯处，洼地呈不规则椭圆形，长约150m，宽100m左右，在洼地南侧发育一较大的落水洞；落水洞外形较大，直径4～5m，深度大于10m，现已被当地居民用巨大的岩石充填；落水洞周围岩层产状大致为130°∠11°。

Ⅱ号洼地位于林子淌与雾河村之间公路两侧，洼地呈不规则形状，宽度最大处约250m、最小处约50m，长度最长处约400m，在洼地的南侧发育一落水洞；落水洞发育在灰黑色薄层灰岩中，呈圆柱形，深度约为4m，直径为3m左右，洞底砂土覆盖。

Ⅲ号洼地位于雾河村三岔路口北侧，洼地呈不规则椭圆形，长约200m，宽约100m，在洼地中部发育一落水洞；落水洞外形较小，呈圆柱形，底部充填砂土；岩层为灰岩、白云岩，产状135°∠9°。

Ⅳ号洼地位于雾河村三岔路口南侧，洼地呈不规则椭圆形，长轴NW向，长约350m，宽约150m；在岩溶洼地北侧发育一落水洞，直径约3m，落水洞周围无基岩出露，上面杂草丛生，杂草根系发达，多为耐涝植物，此落水洞为该岩溶洼地的汇水排泄区。

B. 发育条件及其成因分析。

本区地处分水岭地区，大气降水频繁，地层中节理、断裂发育，地下水循环交替条件好，有利于岩溶发育。出露地层岩性为震旦系灯影组（Z_2dy）灰白色中厚层状白云岩、白云质灰岩和

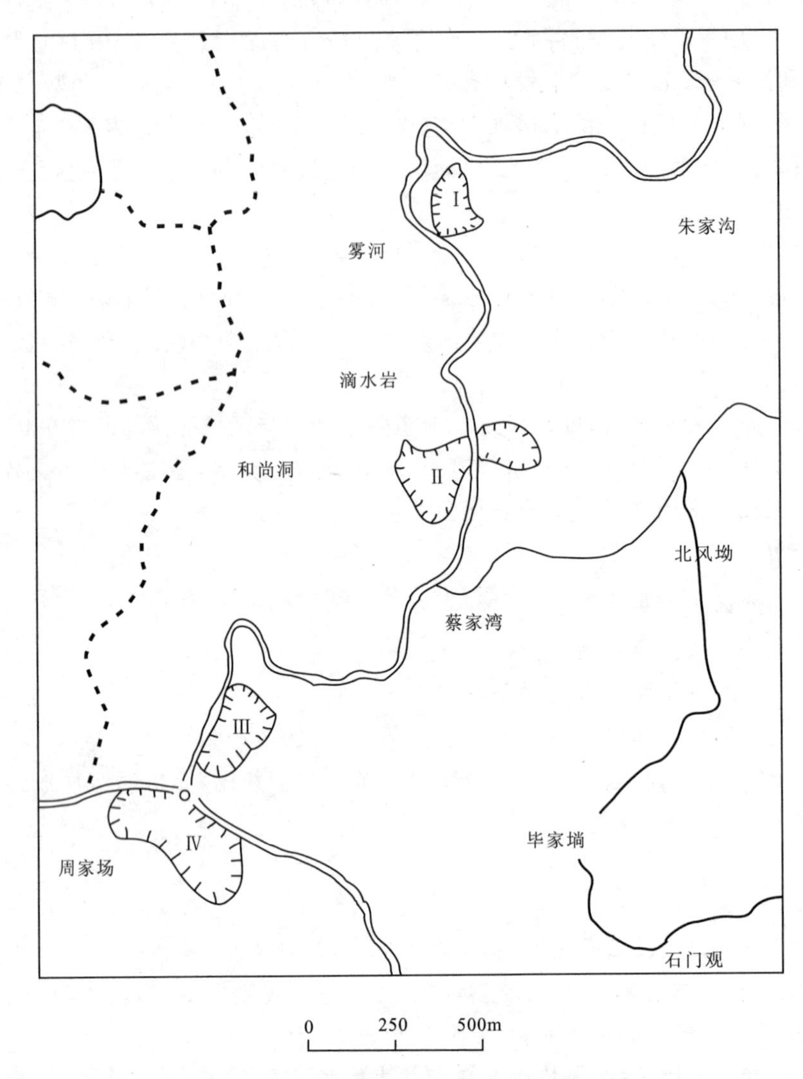

图 8－2　林子淌地区岩溶洼地平面分布示意图

硅质白云质灰岩，是一种可溶性岩石；其下为震旦系陡山沱组(Z_1d)薄层炭质页岩和石煤，为相对隔水岩层。雨水沿岩溶构造裂隙流动形成溶蚀裂隙，同时向下扩展形成落水洞，至区域地下水位附近转化为水平径流。在这一过程中垂直岩溶与水平岩溶不断扩大，且不断发生重力崩塌与运移，形成岩溶洼地。岩溶洼地的存在成为局部汇水区，当降雨量较大时，大量地表水汇集在此，容易形成内涝。

C. 水文地质意义。

本区地下水为裂隙岩溶水，大气降水入渗是地下水的主要补给来源。本区地形上处于分水岭，为地下水的补给区。大气降水沿地表地势流到地势低洼处汇集，通过岩溶裂隙、落水洞等垂直岩溶管道渗入地下形成裂隙岩溶水，经水平岩溶管道径流。本区岩溶水径流的方向与途径受地形、地层岩性组合及岩层产状控制可能为：在和尚洞—林子淌一带接受降水补给，岩溶水沿和尚洞—林子淌—蔡家湾向南或东南方向径流，绕过盘营岭进入笔架淌，然后又沿笔架淌向南方流动；最后在以泉（如龙洞泉等）的形式排出地表。

龙洞泉位于张家屋场东侧500m处的陡崖下，为一侵蚀下降泉。该泉发育于灯影组的白云岩中，洞宽约为3m，高约8m，纵深约4m；泉水清澈，流量约为7L/s；泉水化学类型为重碳酸钙镁型，矿化度低，符合居民饮用水标准，是当地良好的饮用水源。

3. 教学点Ⅲ

（1）点义：危岩体调查。

（2）点位：棺材山危岩体坡脚处。

（3）任务：①观测棺材山危岩体的发育特征（位置、形态、规模等）；②调查棺材山危岩体的发育条件（自然地理条件、地质环境条件、人类活动等）；③绘制棺材山危岩体剖面示意图，分析其形成原因；④了解棺材山危岩体的防治工程；⑤填写崩塌（危岩体）调查表（附表11）。

（4）背景资料。

A. 发育特征。

危岩体位于宜昌市夷陵区三斗坪镇棺材山，山顶高程为827.3m，棺材岩山脚公路处高程为670m左右，为一高约150m的陡崖。危岩体二面临空，陡峭壁立，坡度80°～90°，危岩高耸，局部甚至反倾，陡岩坡面危石密布，崖顶有活石倒挂，危岩体体积$14\times10^4m^3$，直接威胁公路坡下369户居民1 470人的生命及财产安全（图版XVIII-1）。

B. 发育条件。

危岩体崖脚处为陡山沱组（Z_1d）和灯影组（Z_2dy）地层分界处，岩性下部为陡山沱组粉砂质白云岩、炭质页岩和石煤；上部为灯影组中厚层白云岩、白云质灰岩和硅质白云质灰岩，岩性坚硬形成陡坎。岩层产状：倾向100°～120°，倾角8°～15°。构造上位于黄陵背斜南东翼，总体为一单斜构造。岩体内发育有两组节理裂隙，其中一组与坡面近似平行，为卸荷裂隙，这些裂隙将岩体切割成柱状，部分岩体经裂缝切割已与母体分离。

C. 成因分析。

危岩体必须具备一定条件才有可能形成与发生，棺材山危岩体形成的主要因素：其一，由于岩体软硬相间，坡脚处为抗风化能力较弱的薄层炭质页岩；其二，岩体下部的炭质页岩被当做煤层开采，致使岩体底部大面积采空区的形成，迅速改变了斜坡底部岩体结构，使上覆岩体逐渐产生、发育了多条平行坡面的大裂缝，进而形成危岩；其三，危岩体三面临空为危岩体的形成提供了空间条件。

D. 工程治理。

棺材山危岩体的治理，总投资140万元，工期2个月。治理工程是在采空区外侧浇筑钢筋混凝土支撑墙，内侧浇筑混凝土柱对顶板进行支撑，辅以水泥喷浆与排水沟。防治工程的实施有效地防止了大规模崩塌危险，改善了坡下居民的生存环境，社会效益与经济效益显著（图版XVIII-2）。

E. 注意事项。

该处教学点为危岩体正下方，观测时间不宜过长，随时注意上方可能的落石，特别是下雨天尤其应注意。另外在实习期间此路段多雾，亦需注意公路上的来往车辆。

教学路线十二　链子崖危岩体和新滩滑坡调查

(一)教学路线

基地→链子崖→基地。

(二)教学任务

(1)链子崖危岩体调查。
(2)新滩滑坡调查。

(三)教学点

1. 教学点Ⅰ

(1)点义:危岩体调查。
(2)点位:链子崖景区内。
(3)任务:①观测链子崖危岩体的发育特征(位置、形态、规模、变形破坏特征等);②调查链子崖危岩体的发育条件(自然地理条件、地质环境条件、人类活动等);③绘制链子崖危岩体的平面图、剖面图,分析其形成原因;④了解链子崖危岩体的防治措施(工程治理措施、监测手段等);⑤填写崩塌(危岩体)调查表(附表11)。
(4)背景资料。

在神秘的北纬30°线上,有一座布满裂缝的大山壁立大江,这就是名闻遐迩的链子崖。链子崖屹立于兵书宝剑峡和牛肝马肺峡之间,位于西陵峡新滩镇南岸,与新滩滑坡隔江对峙,因"链子锁崖"而得名。链子崖早年名叫"锁住山"、"锁山"。《归州志·山水》载:香溪"东流三里为兵书峡,又名白狗峡。峡南石壁中折,广五尺,相传有神力关锁,历久不坠,谓之锁山。"链子崖上的裂纹其实是由于地质作用和人类工程活动的作用,为洞掘型山体开裂(图版XⅧ-3,图8-3、图8-4)。

A. 发育特征。

链子崖位于黄陵背斜西翼,东距九畹溪断裂2km,西距仙女山断裂5km,位于这两个活动性断裂夹持地带。链子崖危岩体位于长江南岸第一斜坡,为一南北向展布的长条形岩体,两面临空,东部和北端均为百余米的高陡崖,崖高80～100m,坡角20°～30°。东壁近南北向展布,北壁为北西西向,与长江近平行。其西部和南端与山体部分相连,大部分被裂隙所切割。开裂岩体顶面为灰岩层面构成的层面坡,走向北东,倾向北西,倾角26°～35°,地势南高北低,岩体南端顶面高程495m,北端为170m。岩体在崖顶形成有30余条宽大裂缝,不同方向的裂缝相互组合,切割范围南北长700m,东西宽30～180m,面积约0.54km^2,将链子崖分成3个危险崖段,体积达332万m^3,紧临长江,一旦失稳,将直接危及长江航运和人民生命财产安全。

开裂岩体底部为质地软弱的煤系地层和大面积采空区,中上部为厚层坚硬的灰岩块体,间夹薄层炭质页岩。开裂岩体内存在两种软弱结构面,一种为煤系地层与页岩夹层组成的原生沉积结构面,另一种为节理裂隙组成的次生构造结构面,主要有北西、近东西和近南北的3组陡倾裂隙,密度小,延伸长,是拉张变形的优势面。

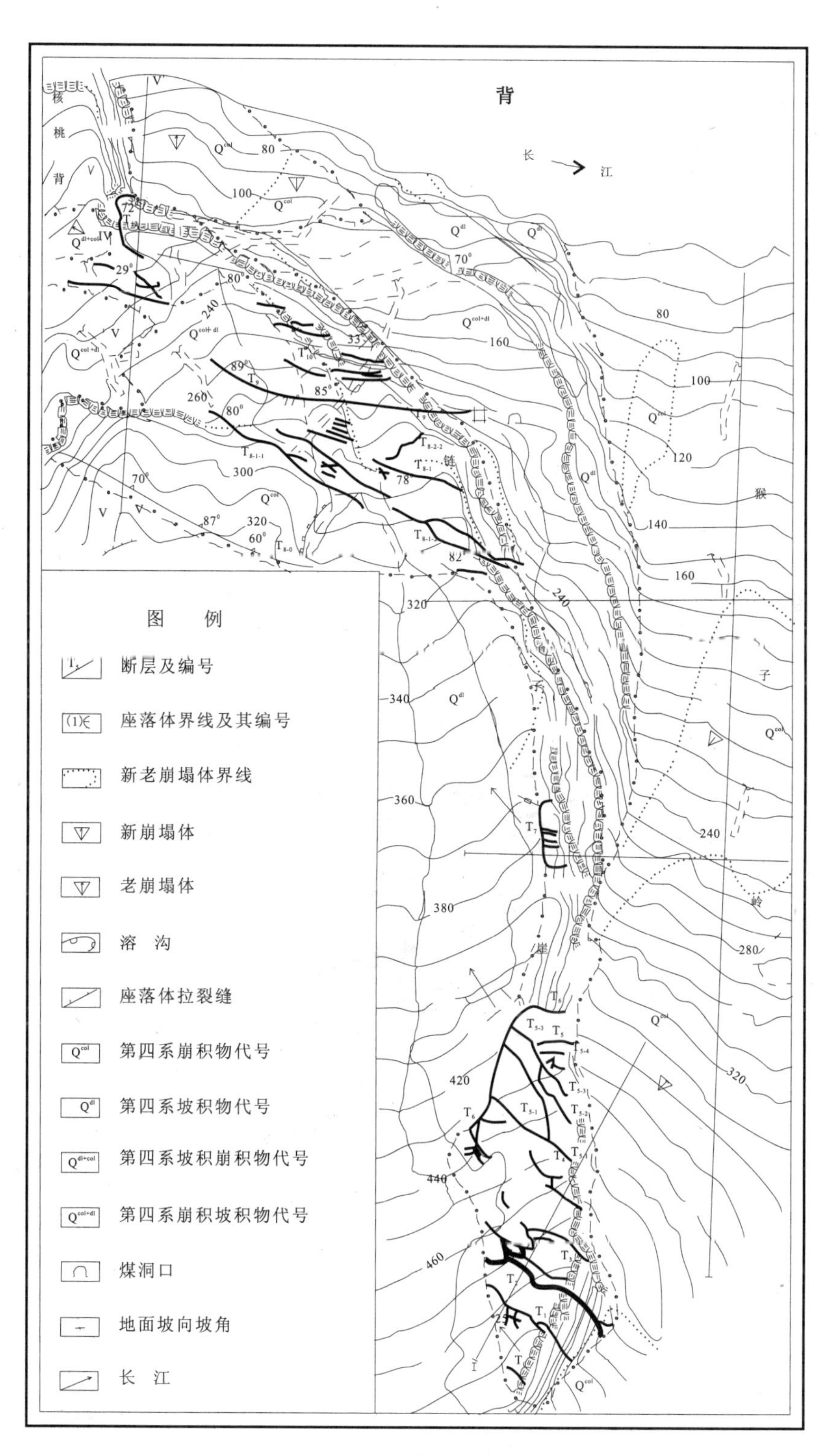

图 8－3　链子崖危岩体地质图

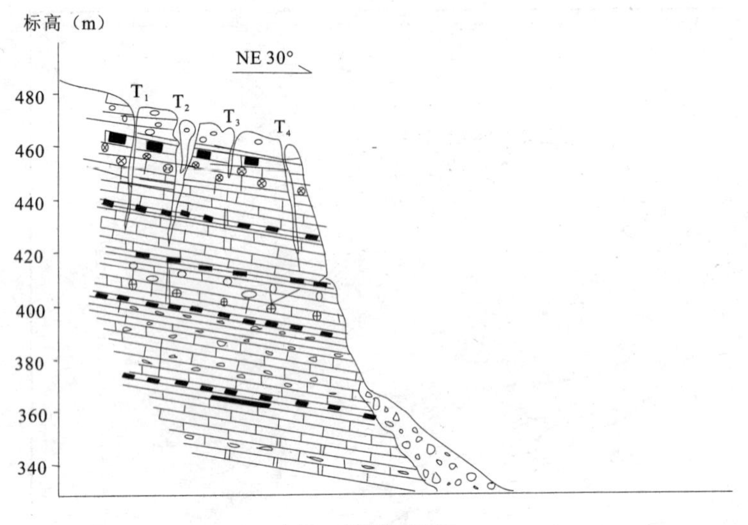

(a)T_1—T_4缝段剖面图

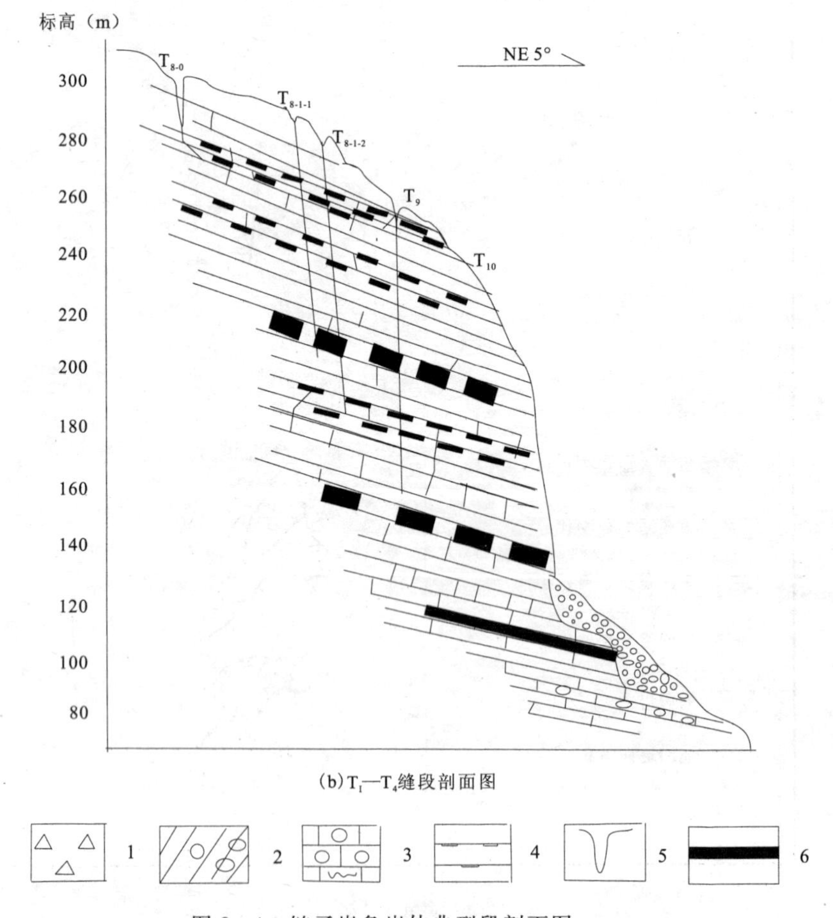

(b)T_1—T_4缝段剖面图

1 2 3 4 5 6

图 8-4 链子崖危岩体典型段剖面图

1.第四系崩积块石；2.第四系堆积碎石土；3.二叠系栖霞组灰岩；4.二叠系梁山煤系地层；5.裂缝；6.煤系

B. 发育条件。

链子崖地区内出露地层自上而下为：第四系粉质黏土夹碎块石，二叠系下统栖霞组灰岩与梁山组煤系地层，石炭系上统灰岩、白云质灰岩，泥盆系石英砂岩、石英岩、石英砂岩与页岩互层，志留系中统纱帽组砂岩、细砂岩、泥岩和页岩。岩层单斜，斜坡结构为横向坡与斜向坡。

区内地下水以岩溶水和碎屑岩裂隙水为主，前者赋存于二叠系与石炭系灰岩、白云质灰岩中，后者赋存于泥盆系与志留系砂页岩中，二叠系底部煤系地层为相对隔水层。

C. 变形特征。

链子崖地处黄陵背斜西翼，危岩体为栖霞灰岩，向 NW 方向倾斜，倾角约 30°，下伏 1.6～4.2m 厚的梁山煤层，构成危岩体软弱基座。煤层下为石炭系灰岩、泥盆系砂岩与志留系页岩。链子崖危岩体裂缝发育，可分为 13 组裂缝。在长期采煤作用下，导致下伏煤层多处掏空，加剧了危岩体的变形破坏。可将之分为 3 个区。

a. T_0—T_6 缝区：体积约 100 万 m^3，位于链子崖后部。是变形破坏最为强烈的地段。其中，T_6 缝已下错 1.1m，现今变形明显，在下部接近煤层处，已出现压裂臌胀现象。

b. T_7 缝区：体积约 2 万 m^3，位于链子崖后部。呈饼状依附于陡崖壁上。稳定性较差，现今表层常有落石发生。

c. T_8—T_{12} 缝区：体积约 220 万 m^3。由于紧临长江，因此，对航运的威胁最大。其中，以水马门“五万方”的变形破坏最为强烈，可归纳为 3 个方面：“五万方”近期出现的一新裂缝（T_{13}），将其前缘切割成厚约 5m 的薄板状岩块，俗称“一万方”，表层膨胀压裂现象明显，并出现落石，同时，底部（沿 R203 软层）形成压裂带。在一万方顶部沿 R301 软层出现俗称“五千方”的厚层（10m）岩体，并且向 NW—N 临空方向蠕滑。

“五万方”南部，上覆疙瘩状灰岩（厚 5m），沿 R401 软层出现表层滑移现象，并以“七千方”表层滑移体为代表，向 NW 方向蠕滑。

在链子崖危岩体周围，还分布有多处滑坡。典型的有：雷劈石滑坡，位于 T_8—T_{12} 缝区后缘，为老滑坡，现今稳定性良好，体积约 250 万 m^3；猴子岭堆积层滑坡，由 T_0—T_5 和 T_7 缝区危岩体崩落岩体组成，体积约 200 多万立方米，现今无滑移现象。

D. 成因分析。

由于山体底部被大面积采空，由坚硬碳酸盐岩组成的采空区顶板，恰似一巨大的厚板斜铺于空区之上，其受力状态类似悬臂梁，在梁的支撑上部造成应力集中形成拉裂。其具体成因有：岩层产状向长江倾斜；长江切蚀使岩石临空而失去支撑；链子崖所处区段的地层为二叠系茅口组（P_2m）和下伏的栖霞组（P_2q），二者岩性皆为能干性强的灰岩，在垂直层面方向发育一系列节理构造，加之灰岩为可溶性岩石，在地表水和地下水以及重力卸荷作用下使得节理构造裂缝加大，栖霞组（P_2q）下伏的梁山组（P_1l）出露者为页岩夹煤层，属于能干性差的软弱层又具隔水层之性能，地表水下渗至该层可形成一个润滑层（面），使上覆岩块沿其滑动；当地居民挖掘煤矿形成采空区，更易导致加剧上覆岩块向下滑动。

E. 治理工程。

危岩体防治工程包括：煤层采空区承重阻滑工程；危岩体预应力锚索加固工程；危岩体喷锚支护工程；危岩体地表防排水工程；防冲拦石坝工程。

现已治理完毕，危岩体处于稳定状态。

F. 监测手段。

危岩体于1968年开始进行监测工作，监测技术和手段逐渐完善，监测内容之全面是国内外少见的，包括岩体位移监测、裂缝变形监测、地面倾斜监测、地下水动态监测、环境因素(降雨量、气温、长江水位)监测等(表8-1)。

表8-1　链子崖危岩体变形长期监测工作布置一览表

序号-监测项目	监测目的及内容	监测方法	监测仪器	测点数	点位布置	观测精度	观测周期	资料评价
1. 岩体位移监测	监测岩体水平位移、垂直位移及速率变化	大地形变测量(三角、水准)	T3经纬仪、N3水准仪、DM-503测距仪	监测网控制点14个、交会点32个、水准点21个	危岩区地表及陡壁面、核桃背山体及雷劈石滑坡体地表	交会点位误差±(2～5.4)mm，水准测量每千米中误差±(1～1.5)mm	1次/月	可作基本资料应用
2. 裂缝变形监测	监测裂缝的水平、垂直位移量及速率变化	人工直接测量	裂缝量测仪、千分卡尺	测量点60个	地表主要裂缝的上、中、下部	0.01mm	1～2次/月	直观，可作基本资料应用
3. 一号平硐位移监测	监测煤层顶板裂缝、岩体的变形和位移	机测和电测	测缝计、收敛计、温度计、重锤	24个	硐内T_{10}—T_8缝对应段煤层顶板的6条主要裂缝及其间岩体	灵敏度：0.01mm	1～3次/月	可作基本资料应用
4. 裂缝伸缩变化自动记录监测	自动监测记录裂缝伸缩变化及时段位移速率	伸缩仪测量	HG-4型、HG-2型、SCR-6型月记式伸缩仪	伸缩记录器3台	T_{11}、T_{13}、T_{15}缝中	0.2mm	连续观测	可作基本资料应用
5. 长江水位及降雨量观测	观测长江水位、流量变化和雨量	人工观测	河水位标尺、雨量计	水位标尺、雨量计各1个	新滩黄岩江边	0.5mm～1cm	1次/月	可作基本资料使用

2. 教学点Ⅱ

(1)点义：滑坡调查。

(2)点位：链子崖景区大门口处。

(3)任务：①调查新滩滑坡的发育特征(位置、形态、规模、变形破坏特征等)；②调查新滩滑坡的发育条件(自然地理条件、地质环境条件、人类活动等)；③绘制新滩滑坡的平面图、剖面图，分析其形成原因；④了解新滩滑坡的防治措施(工程治理措施、监测手段等)；⑤填写滑坡调查表(附表12)。

(4)背景资料。

A. 发育特征。

新滩滑坡位于长江左岸原新滩集镇所在地、链子崖危岩体对面，为崩塌加载型推移式土质滑坡(图版XIX-1，图8-5、图8-6)。

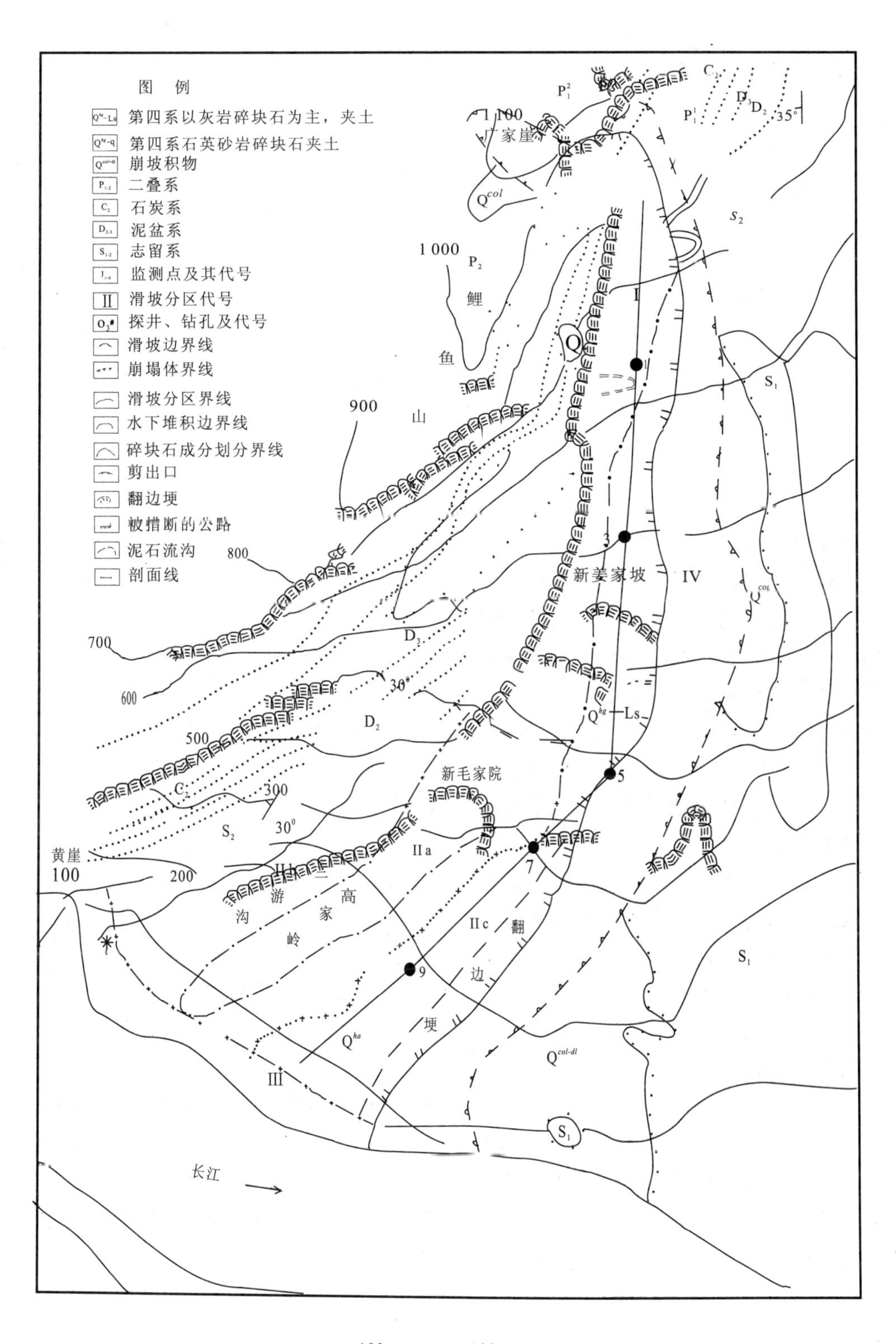
图　例
第四系以灰岩碎块石为主，夹土
第四系石英砂岩碎块石夹土
崩坡积物
二叠系
石炭系
泥盆系
志留系
监测点及其代号
滑坡分区代号
探井、钻孔及代号
滑坡边界线
崩塌体界线
滑坡分区界线
水下堆积边界线
碎块石成分划分界线
剪出口
翻边埂
被错断的公路
泥石流沟
剖面线
广家崖
鲤
鱼
山
新姜家坡
新毛家院
游
高
家
岭
沟
翻
边
埂
黄崖
长江
100　0　100　200m

图 8－5　新滩滑坡地质图

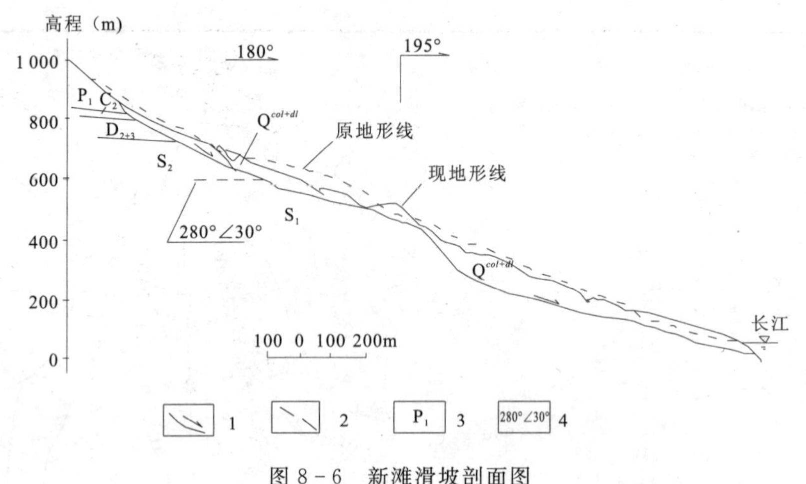

图 8-6　新滩滑坡剖面图

1. 滑动面及主滑方向；2. 原地形线；3. 地层代号；4. 岩层产状

滑坡平面呈长条形，主滑方向 180°～220°，纵长约 2km，上窄(200m)、下宽(720m)，分布面积 0.75km²，总体积 3 000 万 m³。剖面形态为阶状，平均坡角 20°～25°。滑坡后缘高程 900m，以上及西侧缘为相对高差 100～400m 的陡崖，坡角大于 65°。滑坡东侧受控于一走向 0°～30°的宽缓山脊，滑坡前缘被长江所切，临空面为坡高 30～50m、坡角 30°的陡坡。

滑体物质为碎块石土及碎石土夹块石，呈散体结构，土石比为 6∶4～5∶5，平均厚 30～40m，最厚处达 86m。滑床为下伏志留系砂页岩，滑动面为基岩顶面。剖面形态为上、下两个弧形面，滑动带为棕红色黏土，含少量砾径 0.5～1cm、磨圆甚好的小砾石，呈可塑—软塑状态，厚 0.5～0.8m。滑体内地下水以孔隙潜水为主，在滑坡中前部多点出露，最大流量 1L/s。

B. 发育条件。

滑坡区位于黄陵背斜西翼，东距九畹溪断裂约 2km，西距仙女山断裂 5km，处于这两个活动性断裂的夹持地带。区内出露地层由新至老依次为：第四系崩坡积碎块石、碎石土夹块石；二叠系页岩夹煤层；石炭系灰岩；泥盆系石英砂岩；志留系砂页岩。岩层单斜，斜坡结构为横向坡，坡形多为阶梯状，平均坡度 23°。地下水类型以孔隙潜水为主，主要赋存于碎块石堆积层之中。

C. 变形特征及活动历史。

该滑坡为一远古滑坡，历史上曾于 377 年、1030 年、1542 年三次滑坡堵江，最近一次为 1985 年 6 月 12 日凌晨，新滩滑坡再次突发，呈长舌状，主滑方向向南，为岩石滑坡；主滑面为堆积岩土体(Q)、基岩(S)分界面，面积 0.75×10^6 m²，厚度平均为 25m，体积达 3 000 万 m³，前缘高程为 70m，后缘高程为 900m，坡度为 20°～25°；以滑速约 31m/s 的高速下滑而毁灭了具有千年历史的古镇新滩。具体分为上、下两段 4 个区。

上段主动滑移区：面积 33.2m²，体积 $1\ 300\times10^4$ m³，主滑方向 180°，从高程 380m 处剪出土石体 480×10^4 m³，滑距 50～400m。

下段被动滑移区：面积 39 万 m²，体积 1 700 万 m³，主滑方向 220°。东西两侧土石体直接滑入江中，后缘壁高 20～75m，滑距 82～350m；中部基本未动，坡面堆积上段滑下块石，地面反比原地面高出5～15m。

堆积区：分布于高程80m以下河漫滩和河床左侧。总体积800万m^3，其中水下260万m^3，在二游沟口堵塞长江过水断面近三分之一。

牵引推挤滑移区：位于主滑体东侧滑壁以东，因受牵引推挤而产生小规模不同程度的滑移。

这次大规模复活的总体积约为$2\ 000\times10^4m^3$，其中入江方量$340\times10^4m^3$，堆积于水下的约$260\times10^4m^3$，入江方量最大的西侧三游沟口，堆积物占据长江原过水断面的1/3。滑坡涌浪在对岸最大爬坡高度49m，造成了对岸诸多的民居建筑、田园耕地和财产的严重损失，但向上下游衰减很快，至下游11km处涌浪仅0.5m，至坝址处已难于察觉。新滩滑坡经此次大规模滑动释放能量，已进入总体稳定下的重新调整变形阶段。

D. 成因分析。

该滑坡形成原因除其特定的地质环境条件外，主要有以下两个方面：

a. 后缘及西侧崩塌加载是滑坡形成的根本原因。20世纪以来累计加载达160万m^3，滑坡的早期变形始于1964年广家崖一次10万m^3的崩塌加载。

b. 水的作用是促进变形发展的重要因素，降雨入渗及地下水的作用使滑带土强度降低，促进了变形加剧。

E. 稳定性评价。

新滩滑坡发生前，曾进行了长达17年的详细勘测研究和7年的地表变形监测，因此取得了预报成功，使位于滑坡前缘的新滩古镇居民1 371人幸免于难。滑坡后又进行了综合研究，恢复与建立了地表与深部的变形、应力及地下水观测。该滑坡的研究为三峡工程的库岸稳定性研究提供了宝贵经验。

现滑坡整体已趋向稳定，短期内不会发生整体大滑动，但受上述不利因素及三峡水库蓄水影响，有发生局部变形的可能。

教学路线十三　金缸城卫生垃圾填埋场环境地质调查

（一）教学路线

基地→付家湾→基地。

（二）教学任务

金缸城卫生垃圾填埋场环境地质调查。

（三）教学点

(1)点义：垃圾填埋场环境地质调查。

(2)点位：金缸城卫生垃圾填埋场。

(3)任务：①调查金缸城卫生垃圾填埋场的地质环境条件；②调查金缸城卫生垃圾填埋场建设、运营过程中可能遇到的和引发的地质环境问题；③填写城建工程环境地质调查表(附表13)。

(4)背景资料。

A. 工程概况。

秭归县金缸城垃圾处理场建在金缸城村付家湾，距县城约6km，地势为南北走向，南高北低，呈漏斗状，东西宽约300m，南北长约900m，可用地约281.5亩(图版XIX-2)。场址南端和西端为环山公路，为场区人口聚居区，在场地周边2km范围内约有居民50户192人，房屋主要以土木结构为主，约占80%，其他为砖混结构，约占20%。

工程主要由填埋区、垃圾坝、防渗系统、渗滤液收排系统、渗滤液处理系统、洪雨水导排系统、填埋气导排系统等组成。其中，填埋区面积67 200m²，设计总库容95.4万m³。2010年7月，垃圾填埋超过设计高程，为提高土地综合利用、地貌美观和减少雨水入渗，需进行封场。封场场顶面积为67 200m²，封场覆盖结构，从下到上依次为：原生垃圾，卵(砾)石排气层厚300mm；长丝土工布保护层150g/m²；1.0mmHDPE膜；长丝土工布保护层150g/m²；卵(砾)石排水层厚300mm；长丝土工布保护层150g/m²；覆盖支持土层厚450mm；营养土层厚150mm。

B. 场区地质环境条件。

a. 地形地貌。

秭归县垃圾填埋场位于茅坪镇金缸城村付家湾一自然冲沟内，该冲沟近南北向展布，南高北低，相对高差达45m以上。该冲沟南北长约450m，东西宽80～250m，向北冲沟宽度逐渐减小。总体为三面高，北面低漏斗状地形。冲沟内为多级台阶状旱地，平均地面坡度在15°～20°之间，地面标高在280～310m之间。场区属低山区，地形及地貌相对较简单。

b. 岩土体性质。

场区岩土层结构简单，上部覆盖层由第四系耕土(Q^{ml})组成，主要分布于沟谷及缓坡地带。场区下伏基岩为前南华纪侵入花岗岩。

耕(表)土(Q^{ml})：主要分布于区内自然缓坡地带，厚0.50～0.80m。主要由风化砾砂组成，夹大量植物根系，结构松散。

花岗岩(γ)：本区基岩为下元古界前南华纪花岗岩，呈灰白色，中粗粒结构，主要造岩矿物为斜长石、正长石、石英，次要矿物为黑云母、角闪石、钾长石等，为花岗结构，块状构造。根据风化程度不同可分为全风化带、强风化带、中风化带和微风化带。

全风化带：全场区均有分布，厚2.5～15.1m。岩体保留原岩结构，斜长石、碱性长石均已风化成高岭土，石英颗粒基本保持原岩中的形态，云母均已完全风化成次生矿物。

强风化带：全场区分布，厚2.7～5.5m，岩体结构大部分破坏，小部分已分解成砂粒，主要呈不连续的骨架，风化裂隙发育，长石、云母均已完全风化成次生矿物，易钻进，采取率较低，岩芯多呈零星碎块状，岩块用手易折断。

中风化带：全场区分布，厚2.3～6.6m，岩石呈红褐色，岩体结构部分被分解破坏，矿物已失去光泽，部分风化成高岭土，云母已完全失去弹性，颜色变成黄褐色，不易钻进。岩芯主要呈碎块状及短柱状，岩块用手不易折断。

微风化带：全场区分布，岩体结构完整，呈灰白色，仅沿节理、裂隙面略有风化痕迹，岩块断口新鲜，强度高，较难钻进，岩芯多呈中—长柱状。

c. 地质构造。

垃圾填埋场区地处黄陵地块结晶基底，地层为前南华纪古老结晶花岗岩，呈岩基产出。据区域构造图，场区无断裂通过，也无褶皱发育，地质构造活动简单。总体而言，场区属三峡—鄂西南抬升区，为稳定性较高的地台型大地构造环境，属相对稳定区。

d. 气象条件。

场区地处亚热带气候区，年平均气温 17～19℃，最高气温 40℃，最低气温 -15℃，最高年平均温差 55℃。雨量充沛，在降雨分布上具有区域与时段的相对集中，强度不均，常形成局部性暴雨中心，多年平均降雨量 1 000mm 左右，年平均蒸发量 800～1 000mm，相对湿度 77%，风向与河谷方向基本一致，山地多偏南风，次为偏北风，东、西风向较少。风速受山区地形制约，一般较小，为 1.5～2.5m/s。但遇恶劣天气时，也出现大的风速，最大风速达 23m/s。积雪厚度在河谷区一般为 10～20cm，山地厚度达 50cm。年太阳辐射量 89.7kcal/cm^2。年均日照时数 1 379.5h，多集中在 5—9 月。

e. 地表水与地下水特征。

场区为一自然冲沟地形，在场区南侧有 3 条小型水沟在场区中部汇合形成一条宽约 1.0m 的水沟，该水沟为区内地表水的排泄通道。场区南侧 3 条小水沟在中部汇合后由南至北流出本场区。由于场区总体地形为东、西、南三面高，北面低的漏斗状地形，地表迁流条件好，故区内无大量地表水赋存，场区上部水沟内仅有少量地表水，且基本处于断流状态。但在暴雨时期区内地表水将在沟内迅速汇聚，其水量与降雨强度密切相关。从地形地貌分析可知，垃圾场区为一相对独立的汇水单元。东、西、南三面自然垄岗即为地表分水岭。

从场区地层分析，表层耕植土含少量上层滞水，因其分布面积小，厚度薄，上层滞水分布具有局部性、季节性的特点；花岗岩全-中风化带中以孔隙-裂隙水为主，由于裂隙发育不均，故裂隙水同样具局部性。花岗岩微风化带岩体结构完整，可视为场区内的相对隔水层，不含水。场区自上而下各地层的渗透系数：耕植土为 2.0cm/s，花岗岩体全风化带为 2.5×10^{-2}cm/s，花岗岩体强风化带为 4.0×10^{-3}cm/s，花岗岩体中风化带为 12.0×10^{-5}cm/s，花岗岩体微风化带为 8.0×10^{-5}cm/s。

地下水主要赋存于全、强风化带内，地下水类型为孔隙-裂隙水，其埋深一般大于 5m，无统一水面。场区地下水属重碳酸钙型，地下水对工程施工有所影响，但对砂、钢材等建筑材料不具腐蚀性。

综上所述，场区内花岗岩中无稳定的地下水赋存，少量地下水主要接受大气降水补给，故水位、水量与补给受季节性降雨控制。场区水文地质条件属简单类型，地下水对工程施工无大的影响。

C. 场区地质环境适宜评价。

垃圾填埋场地为自然冲沟地形，自然坡度较缓，场区内基岩覆盖层厚度不大，基岩埋深浅，且场区地表水径流条件好，为相对独立的汇水单元，具有独立的补给、径流、排泄系统；场区地质构造简单，地形平坦，地貌单一，无岩溶、土洞发育，不具备发生泥石流、滑坡、崩塌等地质灾害的地质条件，没有发生大规模地质灾害的可能。综上，场地整体稳定性较好，适宜垃圾处理场的建设。

场区根据《城市生活垃圾卫生填埋技术规范》，自然防渗填埋场须具备填埋场与外界的水环境隔离，其底部和周边有足够数量的黏性土壤的压实土壤层，且各个部位的土层保持均匀，厚度至少 20.0m，渗透系数 $K<10^{-7}$cm/s，地下水埋深小于 300m。从场区的岩土层岩性、结构和渗透系数、地下水埋深情况来看，不具备天然防渗的水文地质条件，必须采用人工防渗措施，以防止填埋库区渗滤液外渗对地下水造成污染。

教学路线十四　月亮包金矿环境地质调查

（一）教学路线

基地→月亮包金矿→月亮包尾矿库→基地。

（二）教学任务

月亮包金矿环境地质调查。

（三）教学点

1. 教学点Ⅰ

(1)点义：矿山环境地质调查。

(2)点位：矿井进口处。

(3)任务：①调查月亮包金矿采矿过程中遇到和产生的地质环境问题（工程地质问题、水文地质问题等）及采取的工程措施；②填写矿山工程环境地质调查表（附表14）。

(4)背景资料。

月亮包金矿是秭归金山实业有限公司下属的小型金矿。矿区位于秭归县茅坪镇南西15km的木坪乡月亮包村拐子沟附近。

A. 矿区地质环境条件。

矿区面积约2.15km^2，为中低山区，最大地形标高1 060m，最低地形标高500m，山势起伏大，西高东低，沟谷发育。处于黄陵背斜之西南缘的太平溪岩体中。矿区内广泛分布闪长岩，发育花岗岩脉、辉绿岩脉等，闪长岩为浅灰—灰色，中粗粒结构，块状构造，主要矿物为斜长石、角闪石和石英，斜长石含量一般为50%～55%，角闪石含量为15%～20%，石英含量为5%～10%。断裂构造分为成矿前断裂、成矿断裂和成矿后断裂三期。成矿前断裂有两组，一组走向为240°～290°，倾角为15°～65°，长一般为20～200m，其中有的充填含铁矿石英脉和花岗岩脉；另一组走向为330°～350°，倾角为40°～80°，充填辉绿岩脉。成矿断裂多为走向310°～345°，一般倾向北东，倾角为60°～80°，压扭性，最长达1 000余米，断层带宽0.2～2.1m，最宽达10余米，断裂带有蚀变现象。成矿后断裂很少，主要被花岗岩脉充填。

矿区主要含水层为第四系坡-残积物，属孔隙含水及岩体裂隙含水，第四系残坡积物厚度为1.6～7.94m，成分为亚砂土含碎块石，弱富水性。岩体裂隙较发育，裂隙率为1.29%～1.86%，充填率达55%，裂隙水呈脉状水流。地下水主要接受大气降水补给，在地形较低处以泉或裂隙状浸渗形式溢出地表。地下水化学类型属于重碳酸钙型。

B. 成矿特征。

主要分布于成矿断裂带的石英脉中，含金石英脉分布在三斗坪—茅坪—拐子沟一带，成矿断裂带走向为310°～345°，倾向NE，高倾角，延伸长度几十米至百余米不等。拐子沟区主要矿体有8条左右，石英脉沿断裂带呈扁豆状或透镜状断续产出，脉体厚0.1～0.4m不等，薄者几厘米，最厚达1m多，含金品位高。

C. 矿体开采方式。

矿体开采采用平硐溜井，分段开采，将各中段开采的矿石由轨道车运到地表矿仓，再由索道转运至选矿厂。各中段的废石运至地表的山坡堆积(图版XIX-3)。采用浅矿溜矿法和削壁允填采矿法。爆炮及小型机械作业，配有小型风机井下通风。

D. 采矿工程地质评价。

巷道稳定性问题：采矿矿井规模小没有形成大面积采空区，矿井围岩除进口及局部断裂带外，总体强度高，完整性好，稳定性好；局部断裂带部位及裂隙切割组合下可能存在小的塌落现象，进口围岩风化地段自稳能力不足，存在围岩塌落现象。总体来讲，稳定性是局部性的小规模破坏，通过局部支护处理便可消除隐患。

矿井水文地质问题：开采巷道分布在闪长岩体区，岩体内地下水以裂隙水形式存在，地下水由大气降水补给，因巷道埋深大，降水经裂隙从巷道渗出的途径较长。长期观测资料表明，干旱季节平硐中含水段裂隙水呈滴状、串珠状、小股流溢出，水滴缓慢，小股流似线状；降水后，裂隙水是串珠状或股流溢出，流量明显增大，洞口通常排水量为0.33～2.551L/s。因此地下水不存在对巷道充水而危及生产安全问题，亦不存在巷道水害。

2. 教学点Ⅱ

(1)点义：矿山环境地质调查。

(2)点位：尾矿坝库区。

(3)任务：①调查月亮包金矿矿石加工过程中遇到和产生的地质环境问题(工程地质问题、水文地质问题、生态地质问题)及采取的相应工程措施；②填写矿山工程环境地质调查表(附表14)。

(4)背景资料。

A. 尾矿浆的产生和预处理。

月亮包金矿选矿工艺如图8-7所示。

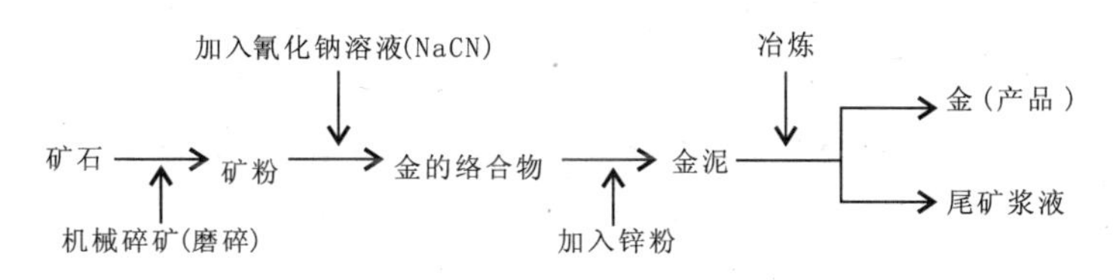

图8-7　月亮包金矿选矿工艺

经提炼后的尾矿浆液在排入尾矿库前须进行处理，避免对环境带来危害。尾矿浆中除了含长石、石英、角闪石等矿物外，还含有害污染物 CN^- 和重金属离子 Cu^{2+} 等，CN^- 为剧毒物质，在尾矿浆入库堆存前先进行除氰去铜预处理，以减少入库浆液中 CN^- 和 Cu^{2+} 含量，以达到废水排放标准要求氰离子含量小于0.5mg/L限值以下的要求。

尾矿浆液的降氰去铜处理过程如图8-8所示。

尾矿浆液的处理过程中会产生二次污染，包括大气污染、噪声污染，亦需要处理。

B. 尾矿库工程概况。

尾矿库(图版IIX-1)位于矿井西方向，距矿区700m。尾矿库工程主要由存砂库、大坝、输浆系统、截水系统、导渗系统构成，其中大坝与存砂库盆起到拦挡和库存矿浆沉砂的作用。该

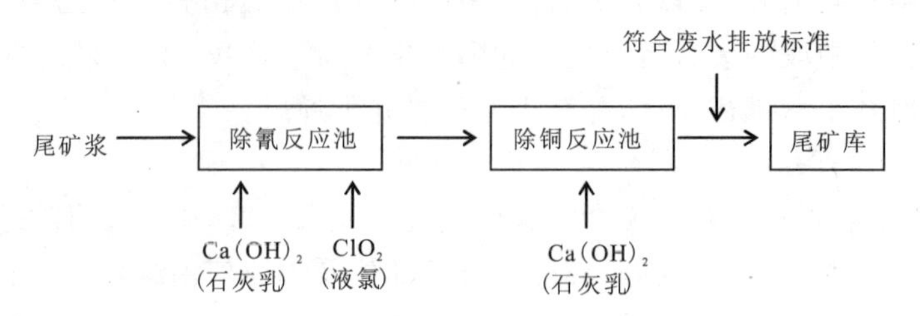

图 8－8 尾矿浆液的降氰去铜处理

区建有两期尾矿库，滤样尾矿液存放尾矿(沙)。矿区日排放尾矿浆 174.61t，体积 140.9m³，其中尾矿库每天渗漏液 124.61m³，渗漏液部分回用，剩余 40.9m³ 经简单漂白粉氧化处理后排放到自然水体汇入茅坪河，存于库内的泥沙体年存储 15 000t，可用于制砖即二次利用。尾矿库分新老两库，总库容 180 000m³，服务年限 15 年。2010 年 7 月，两库已经填满。

C. 尾矿库区地质环境条件。

尾矿库区位于沟谷斜坡的山坳处，地形上为半周环山的洼地，南东面为低矮山型斜坡，较平缓，发育有几个小冲沟；北西面为开敞斜坡。库区表层为残坡积含砾石黏土，厚度为 0～0.2m，平均厚度为 0.86m ，土体松散—稍密状态，轻型触探得到锤击数 13.5 击，承载力特征值 100kPa；下部为下元古界前南华纪侵入闪长岩，灰白色，中粗粒结构，岩体风化分带从上而下依次为强风化带—中风化带—微风化带：强风化带厚 1～2.6m，岩体结构大部分破坏，部分风化成砂粒状，总体呈碎块状，长石、云母完全风化成次生矿物；中风化带平均厚 2m，岩体结构部分破坏，主要沿裂隙有厚层风化层，长石、云母完全风化；微风化带最大厚度为 7m，岩体结构完整，沿裂隙有几厘米风化皮。

地下水接受大气降水补给，孔隙-裂隙为主要含水介质；表层赋水状况及地下水位受季节性降雨影响很大，钻探揭露个别地下水位埋深距地面 lm 左右，无统一地下水位，覆盖层渗透系数 K 为 5.5×10^{-3} cm/s，强风化层 K 为 4×10^{-3} cm/s，中风化层渗透系数 K 为 6.7×10^{-3} cm/s，弱风化层渗透系数 K 为 3.8×10^{-3} cm/s；水质无色无味，为重碳酸钙钠型水。

库区为黄陵地块的结晶基底，为稳定地块。库区内无断层发育。地表基本烈度为Ⅵ度，结构物按Ⅵ度设防，设计地震加速度 0.05g，对应的设计特征周期 0.25s。

D. 尾矿库区地质环境适宜性评价。

a. 选址适中，地形上可满足尾矿建坝，形成较大库容，有利排水，天然汇水量小等要求；周边无滑坡、泥石流等不良地质灾害现象。

b. 区域稳定性好，不存在地震破坏等现象。

c. 库盆岩土有一定渗透性，作适当防渗处理后，可满足尾矿库防渗要求。

d. 库盆岩土强度和变形方面，在对地基适当夯实处理后，变形和强度满足要求，不会因过大变形或不均匀沉陷造成对防渗体的撕裂破坏。

教学路线十五　三峡水库枢纽工程环境地质调查

(一)教学路线

基地→坛子岭→基地。

(二)教学任务

三峡水库枢纽工程环境地质调查。

(三)教学点

(1)点义:水利工程环境地质调查。

(2)点位:坛子岭。

(3)内容:①了解三峡工程概况;②了解三峡工程大坝坝址的工程地质条件;③了解三峡工程修建后可能诱发的地质环境问题、生态环境问题及其应对措施;④填写水利工程环境地质调查表(附表15)。

(4)背景资料。

A.三峡工程概况。

长江是中华民族的母亲河,发源于青藏高原唐古拉山的主峰南侧,流域面积180万km^2,干流全长6 397km,是世界第三长河。

三峡工程位于长江干流三峡中,坝址位于湖北省宜昌市三斗坪,距三峡出口南津关38km,是开发和治理长江的关键性骨干工程,具有防洪、发电、航运等巨大的综合效益,是当今世界上最大的水利枢纽工程。工程控制流域面积100万km^2,坝顶高程185m,正常蓄水位175m,蓄水后库水回水至重庆,库长600多千米,总库容393亿m^3,装机容量22 400MW。

工程主要建筑物由大坝、水电站和通航建筑物三大部分及其副坝——茅坪溪防护坝组成(图版ⅢX-2、图版ⅢX-3)。大坝为混凝土重力坝,坝轴线长2 309.47m,最大坝高181m。分泄洪坝段和两个电站坝段。泄洪坝段居河床中部,总长483m,设有23个深孔、22个表孔以及22个导流底孔(后期被封堵)。深孔尺寸7m×9m,底板高程90m,表孔净宽8m,溢流堰顶高程158m,下游采用鼻坝挑流方式消能。底孔尺寸6m×8m,进口底高程56~57m。溢流最大泄洪能力120 600m^3/s。电站坝段位于溢流坝段两侧,单个进水口尺寸11.2m×19.5m,底板高程108m,压力管内径为12.4m,采用钢衬钢筋混凝土联合受力结构衬砌。

水电站分列溢流坝两侧,为坝后式厂房,共安装26台70万kW水轮发电机,左厂房14台,右厂房12台,总共装机容量1 820万kW(18 200MW),年发电量846.8亿kW·h;另在右岸山体内的地下发电厂房装有6台70万kW水轮发电机组,装机容量420万kW,为世界第一大水电站。

通航建筑物包括永久船闸和升船机,均位于左岸山体中。永久船闸为双线五级连续梯级船闸,单级闸室有效尺寸280m×34m,最大水深60m,最小水深5m。可通过万吨级船队。升船机为单线一级垂直提升,承船厢有效尺寸120m×18m,水深3.5m,一次可通过一艘3 000t级的客货轮。

副坝又称茅坪溪防护坝,位于茅坪溪入江口,为沥青混凝土心墙块石坝,最大坝高104m,主要作用是保护茅坪溪内田地和居民免遭淹没。

三峡工程的巨大作用主要在于防洪、发电和航运等方面。在防洪方面,三峡工程可有效地控制长江上游洪水,对中下游平原区,特别是对荆江地区防洪起着决定性的作用。工程建成后有效防洪库容为221.5亿m^3,可使荆江河段的防洪标准由原来的10年一遇提高到100年一遇;遇到1 000年一遇或更大的洪水,可配合荆江分洪等分蓄洪工程的运用,防止荆江河段发生干堤溃决的毁灭性灾害。还可大大提高长江中下游防洪调度的机动性和可靠性，减轻中下游洪水淹没损失和对武汉市的洪水威胁，并可为洞庭湖湖区的根本治理创造条件。在发电方面，三峡水电站年平均发电量846.8亿kW·h，主要向华东、华中和华南地区供电，这些地区是我国经济发达而又能源相对缺乏的地区，三峡电的供给将为这些地区的能源结构改善和经济发展发挥巨大的作用。在航运方面，三峡水库作为峡谷型水库，回水至重庆市的九龙坡，将显著改善长江宜昌—重庆长660km的航道，万吨级船队可直达重庆港。航道单向年通过能力可由1 000万t提高到5 000万t。另因三峡水库调节，宜昌下游枯水季节最小流量可从3 000 m^3/s提高到5 000m^3/s以上，从而使长江中下游枯水季节航运条件也有较大的改善。除上述作用外，三峡水库建成还可促进水库渔业、旅游业的发展，改善中下游枯水季节水质，并有利于南水北调。

应当指出，三峡工程在产生巨大效益的同时，也产生了一些不利的影响，主要表现在：水库淹没对生态环境的不利影响，如对个别珍稀动植物（中华鲟等）的影响；库区部分古文物和部分景观被淹；地质灾害的增多；新的水土流失和环境污染的形成以及对下游河床冲刷等。

B. 大坝坝址工程地质条件。

三斗坪坝址的工程地质勘察研究，自20世纪50年代中后期开始，进行了大量的地面地质测绘、钻探、硐井探、地球物理勘探、岩石力学试验及水文地质试验研究工作，并针对坝区主要工程水文地质问题，有重点地进行了下列问题的专题研究。

坝址区位于黄陵背斜核部，区域地壳稳定，地震基本烈率为Ⅵ度，基岩为前南华纪闪云斜长花岗岩，强度高，断层不发育，节理裂隙规模小，以陡倾角节理为主，微风化和新鲜岩体的透水性微弱。坝址区河谷开阔，谷底宽约1 000m，河床右侧有中堡岛，将长江分为大江和后河；两岸谷坡平缓，冲沟发育，岩石风化层较厚。

风化壳工程地质特性的研究。系统取样进行物化分析、补充大量声波测试及岩体力学试验，结合钻探资料，着重研究各风化岩体的工程地质特征，在此基础上，确定建基面，探讨弱风化带下部岩体用作坝基的可能性。对深风化槽、微风化带岩体中沿断层裂隙风化加剧等特殊风化现象的形成规律、分布位置、性状及其对工程的可能影响进行了分析评价。

断裂构造研究。研究断裂构造的成生联系及其力学属性，进行构造系统配置，深入研究构造岩的类型及其性质，深化了对不同时期、不同方向断裂的展布规律及其工程地质特性的认识。对坝基岩体裂隙网络的展布形式及其连通模式进行了数学模型研究，获得了坝基岩体裂隙分组的概率密度，不同部位裂隙疏密网络及连通模式的成果。

缓倾角结构面的工程地质研究。通过地表调查、大量勘探资料的统计分析、钻孔彩色电视观察及专门的大口径钻探、开挖平硐，定向取芯钻探，研究缓倾角结构面的成因、分布规律、性状，及其力学特性。在坝基范围内进行缓倾角结构面发育程度分区，统计分析得出坝基缓倾角面的优势方向及其连通率，对缓倾角结构面较发育的局部坝块，提出概化地质模型，进行坝基深层抗滑稳定性的评价。

岩体卸荷带特征研究。通过平硐、钻孔调查统计，钻孔中声波及视电组率曲线、压水试验单位吸水量变化、缓倾角结构面风化水蚀迹象等综合分析，得出不同地貌单元卸荷带特征，深度及卸荷作用对坝基岩体工程地质特性的影响。

坝基岩（土）体水文地质特性研究。在大量渗透试验及全面分析坝基岩体渗透特性的基础上圈划出较严重透水地段，研究其成因及其与建筑物的关系；进行裂隙岩体透水性的不均一性、各向异性和疏干效应的现场试验及物理-数学模型研究，结合地下水长期观测，了解基岩裂隙水动力特征、动态变化特征及其影响因素。

大坝建基岩体结构及质量研究。利用大量勘探资料及试验成果，进行坝基岩体结构类型的划分，在此基础上，采用多因子综合分析的方法，对坝基岩体进行质量分级、分区和评价。

深挖岩质边坡稳定性研究。在自然边坡和人工开挖边坡调查的基础上，确定全-强风化岩体开挖边坡坡角；根据岩体结构、强度、水动力特征，对微风化、新鲜岩体的开挖边坡分别进行总体稳定与局部稳定的研究；通过地质力学模型，二维、三维有限元分析，块体理论，极限平衡等多种方法综合研究，提出开挖坡角及开挖形式的建议。

岩(土)体力学试验研究。在20世纪50年代所进行的前期试验成果的基础上，又系统地补充进行了大量的室内、现场试验，着重研究了影响混凝土与基岩结合面抗剪强度的主要因素；不同风化带和结构类型岩体的强度，变形特性和不同类型结构面的抗剪强度；利用平硐进行岩体位移测量及位移反分析；使用国产设备和瑞典国家电力局深孔地应力测量装置，进行岩体地应力测量(最大测量孔深250m)。对葛洲坝水库蓄水后新淤积的细砂层进行了现场、室内试验研究及围堰堰基稳定性评价。

通过上述工作，三峡工程坝址区的工程地质勘察，已达到了初步设计的深度。

C. 大坝坝址工程地质评价。

三峡工程坝址，位于三斗坪镇附近的弧形河段上，上起五相庙，下至坝河口，河段长约9km。坝址处地形开阔，河谷宽达千余米，右侧有中堡岛顺江分布，两岸谷坡平缓。河床覆盖层厚一般仅8～10m，葛洲坝工程蓄水后，主河槽及后河普遍淤积有厚数米至10余米的细砂。

坝址基岩主要为前南华纪斜长花岗岩，岩性均一、完整、力学强度高。微风化与新鲜基岩，饱和抗压强度100MPa，变形模量30～40MPa，纵波速度大于5 000m/s。微、新岩体透水性微弱，单位吸水量一般小于0.01L/min·m^2。

坝区主要有两组断裂构造，一组走向北北西，另一组走向北北东，倾角多在60°以上。断层规模不大，且构造岩胶结良好。性质较差的软弱构造岩，主要见于走向北东—北东东组断裂中，但数量少，规模小。缓倾角结构面不发育，规模小且连续性差，在拟采用的建基岩面以下，一般为无充填或为胶结良好的坚硬构造岩。

花岗岩体的风化层，分为全、强、弱、微4个风化带。风化壳的厚度(指全、强、弱3个风化带)，在两岸山体地段较大，可达20～40m，漫滩地段较薄，主河床中一般无风化层或风化层厚度很小。经研究，坝基除利用微风化岩体外，在满足RQD达到70%，$V_P \geqslant 5\,000$m/s，且建基面以下5m内，不存在含疏松物质的缓倾角结构面的条件下，弱风化下亚带岩体亦可用作建基岩体。混凝土与建基岩面间的抗剪(断)强度，摩擦系数f值取1.0～1.3，凝聚力(c)为1.2～1.5MPa；建基岩体岩石与岩石间的抗剪断强度，视不同的结构类型的岩体，f值和c值分别在1.0～1.7与1.2～2.0MPa之间选用。

坝区临时及永久船闸，上、下游引航道，导流明渠等建筑物的深开挖边坡角，全、强风化岩体取45°～50°，弱风化岩体取63°～73°，微风化及新鲜岩体，衬砌段成垂直坡，非衬砌段梯段开挖坡角为73°。

经多年的勘测研究，三峡工程坝址地质条件甚为优越，是一个难得的好坝址。

教学路线十六　现场简易试验

（一）教学任务

学习水文地质野外简易试验的基本原理与方法。

（二）教学要求

学生以小组为单位，分工合作，开展试验；试验结束后整理和分析试验成果并提交试验报告。

（三）试验内容

1. 试坑渗水试验

1）基本原理

试坑渗水试验是野外测定包气带非饱和岩（土）层渗透系数的简易方法，试验所依据的基本原理是达西定律。野外水文地质调查工作中常用的方法是单环法。单环法（图 8－9）是在地表干土层中挖试坑，坑底要离潜水位 3～5m。试坑底嵌入一无底铁环（渗水环）。试验时向铁环内注水，并使水位始终保持在 10cm 高度上，一直到渗入水量 Q 稳定不变为止，这时可按下式计算此时的渗透系数 K(cm/s)：

$$K=Q/F$$

式中：Q——稳定流量（cm^3/s）；

F——铁环断面面积（cm^2）。

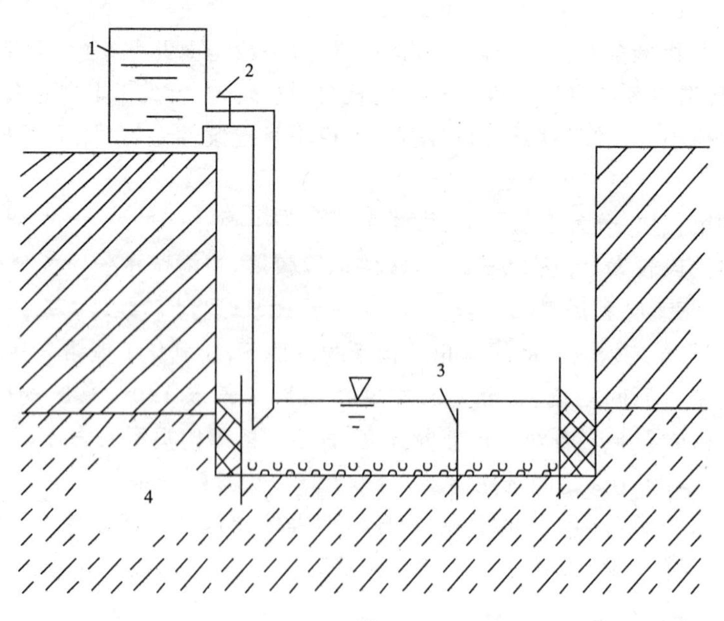

图 8－9　单环渗水试验装置图

1. 供水桶；2. 供水管夹；3. 小标尺；4. 渗水环

开展渗水试验的设备与工具主要有挖土用铁锹、铁环、水桶及量杯、记录表、直尺等。

2)试验方法要点

(1)选择代表性试验点,在岩(土)中挖一试坑,直径约 40cm,深 20～50cm;坑底离潜水位 3～5m。

(2)在试坑底嵌入一高为 20cm,直径为 37.75cm 的铁环,铁环断面面积为 1 000cm^2。然后在坑底铺设约 2cm 厚的砂砾石层作为缓冲层。

(3)向铁环内加水,使环内水位保持在 10cm 高度,同时在试坑渗水观测记录表(附表 16)中记录单位时间(如 1min、5min 为单位等)向环内注入的水量(Q),直至注入的水量恒定并延续 2～4h,试验即可结束。

按公式 $K=Q/F$ 计算岩(土)层的渗透系数(K,cm/s):

试验成果包括试验点岩(土)层描述(岩性定名、裂隙情况等)、注水流量随时间变化曲线及渗透系数计算结果。

本试验一般应进行两个平行试验。

2. 含水量试验

采用烧干法测定碎石土的含水量。

1)试验用品

(1)挖土用铁锹。

(2)铝饭盒、酒精。

(3)便携式天平。

(4)记录纸、笔等。

2)试验方法

(1)用铝饭盒(或其他铁皮盒)采用土坑中挖出的土,约 1/3 盒(注意取样时应取下层土,不要表层干土),称湿土重(m)。

(2)倒入酒精至与土面平,点火烧干。

(3)至完全冷却后,称干土重(m_s)。

(4)按下式计算土的含水量(W,%),计算精确至 0.1%:

$$W=(m-m_s)/m_s(\%)$$

本试验应作两次平行试验。

第三节　教学方法

由于参与实习的学生初次开展水文地质、环境地质的野外实践,这导致他们无法全面地观测、描述和分析、解释大多数水文地质现象、环境地质现象,甚至对这些现象根本就视而不见。不过,这是可以理解的,由于这是他们第一次接触实际的水文地质现象、环境地质现象,综合观测和描述能力还不够强,对许多问题的分析和解释往往是只知其一不知其二,再加上观察的水文地质现象、环境地质现象往往是几十万年以前甚至更远时期所发生的地质事件的产物,让他们独立地去观测、描述和分析、解释并得出较为合理的结论,是一件不容易的事情。

对水文地质现象、环境地质现象的观测和描述,每到一教学点或区段,先由指导教师讲解对具体的水文地质或环境地质现象的观测、描述方法，然后由学生以小组为单位在教学点自主地进行观测、描述和记录，遇有疑惑之处，学生之间、小组之间自行相互讨论，或随时与指导教师讨论；最后，指导教师根据学生的具体表现进行分别指导，并进行总结。

对水文地质现象、环境地质现象的分析和解释，每到一教学点或区段，指导教师首先依据本区段地质、水文地质、环境地质特点及其区域地质环境条件向学生提出一系列相关问题，但不急于给学生答案。学生首先带着问题在观测过程中自己独立分析和思考，然后或与同学或与指导教师相互讨论。指导教师的反馈不要过早，以保证学生在不受指导教师的影响下作深入的思考，让他们的思维活跃起来，尤其要鼓励他们自由争论并引导争论。接着，由指导教师指定学生总结发言。有些学生最初的回答也许与正确答案毫不相关，指导教师不应批评，而应耐心的指导与启发。最后，指导教师给予详尽的分析和总结。这样通过独立分析、集体讨论(辩论)，得出合理的解释无疑创造了一种活跃思维与探索真理的学习气氛，使学生对仔细观测和分析地质、水文地质、环境地质现象产生浓厚兴趣，再通过指导教师的点评、剖析和总结，最终学生对水文地质现象、环境地质现象提高了认识、加深了理解。

第四节　教学要求

(1)野外实习现场，要求参与实习的学生以小组为单位，开展水文地质、环境地质现象的观察、测量、鉴别、描述、分析和总结以及样品的采集；并及时拍照、绘图、记录野薄和填写相关表格(附表2、附表3)。

(2)野外实习结束返回基地，要求参与实习的学生以小组为单位，开展当天实习路线的总结，填写野外调查路线表(附表4)；对采集的岩(土)样品、水样品进行测定，并填写附表5、附表6、附表7)。

第九章　专题阶段教学内容

第一节　教学目的

本阶段是在专题指导教师的指导下，参与实习的学生以小组为单位，选定一个专题开展独立调查工作。

其目的在于培养学生：

(1)进一步掌握水文地质和环境地质野外调查的基本知识、基本技能和基本方法。

(2)进一步形成独立地发现问题、提出问题、分析问题和解决问题的专业思维能力。

(3)逐步形成应用专业知识解决实际问题的独立工作能力。

(4)逐步形成初级的科研创新能力。

第二节　教学内容

专业实习队根据实习区教学资源、收集资料情况以及后勤保障条件，考虑学生已经掌握的专业知识结构、教学路线的实习内容等，设定了9个专业调查专题：

专题一　茅坪溪流域(孔隙水区)水文地质调查与评价。

专题二　高家溪上游雾道河地区岩溶水文地质调查与评价。

专题三　实习区孔隙水、裂隙水、岩溶水化学特征分析与评价。

专题四　泗溪—茅坪河水化学特征分析与评价。

专题五　张家冲小流域水土流失与水土保持调查及评价。

专题六　长岭地区水的开发利用及其环境效应调查与评价。

专题七　泗溪水库工程的地质环境安全调查与评价。

专题八　叉角溪小流域环境地质调查与评价。

专题九　郭家坝地区地质灾害调查与区划。

专题一　茅坪溪流域(孔隙水区)水文地质调查与评价

(一)工作区范围

茅坪溪流域(向王洞大桥—过河口村段)，长约3.5km的范围。

(二)工作任务

(1)基本查明工作区的地质、水文地质条件(包括含水层系统或蓄水构造的空间结构及边界条件,地下水补给、径流和排泄条件及其变化,地下水水位、水质、水量等)。

(2)基本查明工作区的水文地球化学特征及其形成条件。

(3)基本查明工作区存在或潜在的与地下水有关的地质环境问题的种类、分布、规模、危害以及形成条件,预测其发展趋势,并提出防治对策和建议。

(4)开展工作区地下水(孔隙水)资源评价。

(三)工作方法

具体工作方法参考《区域水文地质工程地质环境地质综合勘查规范(1∶50 000)》(GB/T 14158—93)、《1∶50 000区域水文地质调查规范》(DD 2011—01)、《全国地下水资源及其环境问题调查评价技术要求系列》(2003)等。

(四)提交成果

专题报告,实际材料图,地质图、水文地质图,典型地质、水文地质剖面图等。

专题二　高家溪上游雾道河地区岩溶水文地质调查与评价

(一)工作区范围

高家溪上游雾道河一带约 6km^2 的范围。

(二)工作任务

(1)查明工作区区域岩溶地质条件:调查地层岩性、地质构造的分布、类型、特点及对岩溶含水介质的控制和影响,重点查明碳酸盐岩的分布和特点、岩溶含水层类型及其水平和垂直分布特征,控制地下河发育的地形地质条件,岩溶泉的出露条件。

(2)查明工作区区域岩溶发育规律:调查岩溶地貌形态的特点及空间分布,蓄水构造、表层岩溶带、地下岩溶管道、裂隙和洞穴的类型、结构、形态特征及分布规律,地下河系发育特征。

(3)查明工作区岩溶地下水系统:调查岩溶流域的边界、结构,进行岩溶地下水系统划分;地下水和地表水的水力联系、地下河的水位、流量、水质动态变化及其影响因素;表层岩溶水的分布规律和水资源特征;蓄水构造的富水地段,岩溶水资源量及覆盖层情况,注意调查分析土地利用状况的变化对岩溶水水量、水质的影响。

(4)查明工作区岩溶水开发利用条件:调查地下河的允许开采量,以及堵、蓄、提、引等岩溶水开发地质工程的地质条件;蓄水构造的允许开采量和钻井提水的工程地质条件;岩溶泉扩泉引水的地质环境条件;评价工作区岩溶水资源图,提出岩溶地下水开发利用的规划和工程方案。

(三)工作方法

具体工作方法参考《西南岩溶地区水文地质调查技术要求(1∶50 000)》(2003)、

《1∶50 000区域水文地质调查规范》(DD 2011—01)、《全国地下水资源及其环境问题调查评价技术要求系列》(2003)等。

(四)提交成果

专题报告,实际材料图,地质图,岩溶水文地质图,岩溶地区地下河分布图,岩溶水资源评价图,岩溶水资源开发利用规划图,典型岩溶现象的剖、平面图等。

专题三 实习区孔隙水、裂隙水、岩溶水化学特征分析与评价

(一)工作区范围

整个实习区范围。

(二)工作任务

充分利用教学阶段获取的实习区地下水水化学分析测试的数据资料,并通过补充调查、采样(每个采样点采集水样4～6个)和测试,结合实习区自然地理条件、地质环境条件以及人类活动特征等,分析实习区孔隙水、裂隙水、岩溶水的基本水文地球化学特征。

(三)工作方法

具体工作方法参考《全国地下水资源及其环境问题调查评价技术要求系列》(2003)、《1∶50 000区域水文地质调查规范》(DD 2011—01)等。

(四)提交成果

专题报告,实际材料图,表征地下水化学特征成果的相关图件等。

专题四 泗溪—茅坪河水化学特征分析与评价

(一)工作区范围

泗溪—茅坪河(泗溪景区门口→茅坪河与长江交汇处),长约12km。

(二)工作任务

在泗溪—茅坪河不同断面上采集水样(每个断面上采集水样数量4～6个)并带回基地实验室测试和分析,结合工作区自然地理条件、地质环境条件以及人类活动特征等,分析泗溪—茅坪河水不同断面的基本水化学特征,比较不同断面水化学类型的区别和差异,初步分析泗溪—茅坪河水从上游到下游变化的原因。

(三)工作方法

具体工作方法参考《全国地下水资源及其环境问题调查评价技术要求系列》(2003)、《1∶50 000区域水文地质调查规范》(DD 2011—01)、水环境监测规范(SL 219—98)等。

（四）提交成果

专题报告，实际材料图，表征河水化学特征成果的相关图件。

专题五　张家冲水土流失与水土保持调查及评价

（一）工作区范围

整个张家冲小流域，约 1.62km²。

（二）工作任务

(1)调查工作区的自然地理条件、地质环境条件、人类活动特征等。

(2)着重调查工作区内的主要水土流失类型的发育特征[现状、分布、数量(面积)、强度、侵蚀量]、发育条件(自然因素和人为因素)、造成的危害(对当地和对下游)，评价工作区水土流失的严重程度。

(3)着重调查工作区内各项水土保持措施的数量、质量、效益，评价水土保持措施的有效性。

（三）工作方法

具体工作方法参考《区域环境地质调查总则(试行)》(DD 2004—02)、《小流域水土流失综合调查》(广西壮族自治区水利厅水土保持处，2003)、水土保持工程调查与勘测规范(2013)、《第一次全国水利普查水土流失普查技术细则》(2010)等。

（四）提交成果

专题报告，实际材料图，环境地质图，地形图，坡度图，土地利用类型图，面蚀强度图，水土保持措施分布图等。

专题六　长岭地区水的开发利用及其环境效应调查与评价

（一）工作区范围

长岭村绍家湾水库—水厂一带 8km² 的范围。

（二）工作任务

(1)调查、分析工作区社会经济及供水基础设施现状：调查主要自然资源(除水以外，可用于农牧的土地，可开发利用的矿产，可利用的草场、林区等)的现状分布、数量、开发利用状况、程度及存在的主要问题；调查社会经济现状；供水基础设施应分类分析它们的现状情况、主要作用及存在的主要问题。

(2)调查统计分析工作区供、用水现状：调查统计分析该年及近几年用水情况；供水应分区按当地地表水、地下水、过境水、外流域调水、利用处理或未处理过的废污水等多种来源，以及按蓄、引、堤、机电井四类工程分别统计分析各种供水占总供水的百分比，并分析年供水和组成的调整变化趋势；分区按农业、工业、生活三大类用水户分别统计各年用水总量、用水定额和人均用水量，统计分析年用水量增减变化及其用水结构调整状况；分区统计的各项供、用水量均为包括输水损失在内的毛供、用水量。

(3)分析现状供、用水效率：分析各项供、用水的消耗系数和回归系数，估算耗水量、排污量和灌溉回归量，对供、用水有效利用率作出评价；分析各项农业节水措施的发展情况及其节水量、近几年的城镇生活用水定额，并通过对比分析，对农业、生活用水节水潜力作出评价。

(4)分析现状供、用水问题：分析现状供需水平衡状况；分析近几年因供水不足造成的影响，并估算造成的直接、间接经济损失；分析水资源开发、利用、保护、管理等方面影响供、用水的主要问题。

(5)调查分析工作区水资源开发利用对环境造成的影响：调查水资源开发利用现状造成的水环境问题，针对各项水环境问题进行评价，分析其成因及性质，调查统计水环境问题的形成过程、空间分布特征和已造成的正面及负面影响，分析水环境问题的发展趋势，并提出防治、改善措施。

(三)工作方法

具体工作方法参考《水资源评价导则》(SL/T 238—1999)、水资源调查规范(GB/T××××—2001)等。

(四)提交成果

专题报告，实际材料图，水文与水文地质图，水资源开发利用工程分布图等。

专题七　泗溪水库工程的地质环境安全与调查评价

(一)工作区范围

泗溪水库工程周边地区 $10km^2$ 的范围。

(二)工作任务

(1)了解工程概况。

(2)查明水库区自然地理条件、人类活动特征等。

(3)查明水库工程的地质环境条件：地形地貌、地层岩性、地质构造、水文与水文地质条件、地质环境问题、不良地质现象等。

(4)进行地质环境安全评价：评价建设水库工程的地质环境适宜性；评价水库建成后可能引发的地质环境问题，如水库渗漏、库岸稳定、地质灾害、水库浸没、水库淤积、水库诱发地震等。

(三)工作方法

具体工作方法参考《环境影响评价导则——水利水电工程》(HJ/T 88—2003)、《区域环境地质调查总则(试行)》(DD 2004—02)。

(四)提交成果

专题报告,实际材料图,地质图,环境地质图,水库纵、横地质剖面图,建设水库工程的地质环境适宜性评价区划图,地质环境问题易发性评价区划图等。

专题八　叉角溪小流域环境地质调查与评价

(一)工作区范围

叉角溪小流域,约 $8km^2$ 的范围。

(二)工作任务

(1)查明工作区的自然地理条件、地质环境条件、人类活动特征等。

(2)查明工作区内地质环境问题和地质灾害的主要类型及其发育特征、发育条件以及造成的危害(威胁)等。

(3)调查研究工作区地质环境系统演变的基本规律,评价预测其对人类生存环境的影响。

(4)调查评价工作区人类活动对地质环境的影响,预测其发展趋势。

(5)开展工作区地质环境的人类活动适宜性评价。

(6)论证工作区地质环境综合整治与保护对策。

(三)工作方法

具体工作方法参考《区域环境地质调查总则(试行)》(DD 2004—02)、《城市环境地质调查评价规范》(DD 2008—03)等。

(四)提交成果

专题报告,实际材料图,环境地质图,地质灾害、地质环境问题分布图,地质环境适宜性评价区划图等。

专题九　郭家坝地区地质灾害调查与区划

(一)工作区范围

郭家坝地区童庄河与长江交汇处附近约 $3.5km^2$ 的范围。

(二)工作任务

(1)实地调查工作区的自然地理条件、地质环境条件、人类活动特征等。

(2)实地调查工作区内发育的各类地质灾害:查清各类地质灾害的发育特征(分布、范围、形态、规模)、发育条件以及造成的危害(威胁)等。

(3)进行工作区地质灾害的易发性/危险性评价,圈定危险区/易发区。

（4）开展工作区地质灾害防治区划。

（三）工作方法

具体工作方法参考《县（市）地质灾害调查与区划基本要求》及其实施细则等。

（四）提交成果

专题报告，实际材料图，地质图，地质灾害分布图，地质灾害易发性分区图/地质灾害危险性分区图，典型地质灾害的平、剖面图等。

第三节　教学方法

每个实习小组选定一个专题，独立开展调查工作。指导教师以在野外随机抽查、在室内逐一检查的形式，及时评估各小组的工作质量、工作进展和存在的问题，指导学生返工或补充。

第四节　教学要求

专题调查实习过程中，需遵循以下程序与要求：

（1）正式野外调查前，针对具体专题，开展相关资料的收集和相关图件、仪器的准备，制定切实可行的调查工作方案，统一野外工作方法。

（2）调查期间，按照设计的调查工作方案开展野外调查工作：现场访问、观测、监测和取样，记录和填写相关表格（附表1～附表17）。

（3）调查期间，提倡仔细观察、尊重事实、各抒己见，充分发挥学生自身的主动性和创造性，调查路线布置、观察点确定、地质界线的勾绘和水环地质现象的判定及分析、评价由小组集体讨论决定。

（4）每天调查结束返回基地，小组需要及时整理、讨论、分析，开展当天实习路线的总结，填写野外调查路线表（附表4）；对采集的岩（土）样品、水样品进行测定，填写附表5、附表6、附表7），并及时向指导教师汇报。

第十章　整理阶段教学内容

在完成基础地质路线实习教学、水环地质路线实习教学和专题调查实习教学后，进入资料整理实习教学阶段。

第一节　教学目的

在带班指导教师的指导下，参与实习的学生整理所收集资料和实地调查成果，编写专业实习报告并绘制相应的附图、附表。

其目的在于培养学生：

(1)学习和掌握专业资料室内整理和分析的各种常见方法。

(2)学习利用专业资料进行创造性地整编工作并能形成专业实习成果。

(3)进一步形成应用专业知识解决实际问题的独立工作能力。

(4)进一步形成初级的科研创新能力。

第二节　教学内容

通过整理和分析基础地质、实习地质教学和专题调查实习教学阶段获取的第一手调查资料，结合收集的各种专业资料，参与实习的学生每人编写一份专业实习报告并绘制相应的图表。

第三节　教学方法

参与实习的学生以小组为单位开展专业资料整理，每人独立编写一份专业实习报告；指导教师定时去教室(基地有专门的、供在此实习学生使用的自习教室)巡查，以便及时解决学生在资料整理和成果编制过程中遇到的问题。

第四节　教学要求

资料整理按照相关规范、标准实施；专业实习报告编写提纲由指导教师给定，其中专题调查报告部分的编写提纲以小组为单位根据专题调查内容自行拟定并与指导教师讨论后确定。

1. 专业实习报告编写提纲

专业实习报告编写提纲建议如下：

第一章　序言

第二章　实习区概况

第三章　教学路线总结

　　第一节　基础地质实习教学路线小结

　　第二节　水文地质实习教学路线小结

　　第三节　环境地质实习教学路线小结

第四章　专题调查成果总结

结束语

2. 专业实习报告编写要求

(1)思路清晰、结构严谨、语句流畅、言之有理。

(2)资料翔实、图文并茂。

(3)要求字数为 10 000～15 000 字。

(4)实习报告所需附图按相关专业规范、标准绘制。

第十一章　总结阶段教学内容

本阶段的教学任务是评价、总结三峡实习的教学质量(学生学的实际效果、教师教的实际效果以及教学过程中存在的问题和不足等),主要包括成果汇报、成绩评定、教学总结3个方面的任务。

第一节　成果汇报

为评价、总结学生参与三峡实习的实际效果,开展三峡实习成果答辩汇报会。其目的在于培养学生的专业表述能力并检验实习的效果。

实习成果答辩汇报会的组织形式:由指导教师担任评委,参与实习的学生以实习小组为单位参加实习成果的汇报和答辩,成果汇报人和答辩人由评委随机点名确定。

三峡实习成果汇报会的要求:学生在规定时间内条理清晰地表述本小组的专业实习成果;同时,面对评委的提问能够给予合理且清晰的回答与解释。

第二节　成绩评定

实习成果汇报结束后,指导教师评定三峡实习成绩。

评定三峡实习成绩的要求是:必须坚持标准,严格要求,实事求是;同时,注重实习过程评价与结果评价相结合。

专业实习成绩的具体评定方法见表11-1。

表11-1　三峡实习成绩(百分制)评定方法表

实习成绩(百分制)组成		所占比重(%)	评定/审核人	备注
①	平时表现成绩	15	实习队长、学生事务主管教师评定	实习总评成绩⑥=①×15%+②×20%+③×25%+④×25%+⑤×15%
②	路线教学阶段成绩	20	路线教学指导教师评定	
③	专题教学阶段成绩	25	专题调查指导教师评定	
④	整理阶段成绩	25	带班指导教师评定	
⑤	实习答辩成绩	15	答辩评委教师评定	
⑥	实习总评成绩	100	实习队长审核	

第三节　教学总结

(1)为总结学生参与三峡实习的教学效果，要求参与实习的学生每人撰写三峡实习总结一份，总结三峡实习的收获，并对三峡实习教学过程中存在的不足和问题提出意见及建议，返校前上交实习队。

(2)为评价、总结专业实习的教学质量，实习队撰写三峡实习总结一份，分析三峡实习教学过程中存在的问题和不足，并给出相应建议，返校后上交院系。

主要参考文献

曹锐,李德威,易顺华,等.黄陵背斜中南部月亮包金矿床流体成矿作用及矿床成因探讨[J].黄金,2009,30(2):14-19.

陈德基,汪雍熙,曾新平.三峡工程水库诱发地震问题研究[J].岩石力学与工程学报,2008,27(8):1 513-1 524.

樊光明,张先进,余英,等.秭归实习基地教学资源和教学条件评述[J].中国地质教育,2010(1):56-61.

李萍.长江三峡库区链子崖危岩体的稳定性分析[D].天津:天津大学,2003.

毛迪凡,万军伟,覃德富.张家冲小流域的水土流失及防治对策[J].中国水土保持,2010(12):59-61.

秦胜伍.三峡地区地质环境演化分析[D].长春:吉林大学,2006.

孙仁先,江鸿彬,石长柏.三峡库区秭归县地质灾害发育规律与"群测群防"防治[J].湖北地矿,2002,16(4):70-73.

王儒述.三峡水库与诱发地震[J].国际地震动态,2007(3):12-21.

汪祥,李晓玲,张敏.三峡库区秭归县农业面源污染原因及发展可持续生态农业的策略[J].农业科技通讯,2008(12):98-100,147.

汪啸风,陈孝红.中国各地质时代地层划分与对比[M].北京:地质出版社,2005.

张保军,李振作,程俊祥,等.茅坪与新滩滑坡体变形机理类比研究[J].长江科学院院报,2008,25(1):40-43,57.

周爱国,周建伟,梁合诚,等.地质环境评价[M].武汉:中国地质大学出版社,2007.

秭归县水土保持志编纂领导小组.秭归县水土保持志[M].北京:中国水利水电出版社,2004.

中华人民共和国水利部.SL 219—98　水环境监测规范[S].北京:人民交通出版社,1998.

附　表

附表 1　地表水点综合调查表

<table>
<tr><td colspan="2">统一编号</td><td colspan="2"></td><td>野外编号</td><td></td></tr>
<tr><td colspan="2">地表水点名称</td><td colspan="2"></td><td>地理位置</td><td></td></tr>
<tr><td colspan="2">地表水类型</td><td colspan="2"></td><td>坐标</td><td></td></tr>
<tr><td colspan="2">所属水系</td><td colspan="4"></td></tr>
<tr><td rowspan="4">水体物理性质</td><td>气温(℃)</td><td colspan="2"></td><td>水温(℃)</td><td></td></tr>
<tr><td>味</td><td colspan="2"></td><td>嗅</td><td></td></tr>
<tr><td>颜色</td><td colspan="2"></td><td>浊度</td><td></td></tr>
<tr><td>透明度</td><td colspan="2"></td><td>pH</td><td></td></tr>
<tr><td colspan="2">取样情况</td><td colspan="4"></td></tr>
<tr><td rowspan="2">水文特征</td><td>水位(m)</td><td colspan="2"></td><td>流速(m/s)</td><td></td></tr>
<tr><td>流量(m^3/h)</td><td colspan="2"></td><td>流量季节性
变化特征</td><td></td></tr>
<tr><td colspan="3">调查点剖面图</td><td colspan="3">调查点平面位置示意图(1∶500～1∶1 000)</td></tr>
<tr><td colspan="3"></td><td colspan="3"></td></tr>
<tr><td colspan="2">试样编号</td><td colspan="2"></td><td>照片编号</td><td></td></tr>
<tr><td colspan="2">调查人</td><td colspan="2"></td><td>调查时间</td><td></td></tr>
<tr><td colspan="2">填表人</td><td colspan="2"></td><td>填表时间</td><td></td></tr>
</table>

附表2 野外岩土样采集记录表

样品点编号												
样品野外编号												
取样深度(m)												
野外定名												
样品状态												
样品处理												
样品重量(kg)												
天然湿度												
取样前降雨情况												
分析要求												
采样人												
采样时间												
填表人												

附表3　野外水样采集记录表

样品点编号	样品野外编号	水源种类	取样深度(m)	岩性	水温(℃)	化学处理方式	样品体积(L)	样品物理性质			分析要求	采样人	采样时间	填表人	填表时间
								透明度	颜色	气味					

附表4　野外调查路线表

路线统一编号		路线野外编号	
调查日期	年　　月　　日	天气状况	
路线起(经)止及长度(km)			
参加调查人员			
调查点性质及数量			
采集样品类型及数量			
路线小结			
路线示意图			
填表人		填表时间	

附表 5 土壤物理、水理性质成果表

样品点编号												
样品野外编号												
样品室内编号												
取样深度(m)												
土样定名	野外定名											
	室内定名											
颗粒组成质量百分比(%)	粒径大小(mm)	>20										
		20～2										
		2～0.5										
		0.5～0.25										
		0.25～0.1										
		0.1～0.05										
		0.05～0.005										
		0.095～0.002										
		<0.002										
含水率(%)												
天然密度(g/cm³)												
颗粒密度(g/cm³)												
干密度(g/cm³)												
湿密度(g/cm³)												
孔隙度(%)												
渗透系数(cm/s)												
填表人												
填表时间												

附表 6　岩石物理、水理性质成果表

样品点编号											
样品野外编号											
样品室内编号											
取样深度(m)											
岩样定名	野外定名										
	室内定名										
干燥状态	颗粒密度(g/cm^3)										
	干密度(g/cm^3)										
	湿密度(g/cm^3)										
	吸水率(%)										
	饱水率(%)										
	饱水系数										
	软化系数										
	孔隙度(%)										
	渗透系数(cm/s)										
饱和状态	颗粒密度(g/cm^3)										
	干密度(g/cm^3)										
	湿密度(g/cm^3)										
	吸水率(%)										
	饱水率(%)										
	饱水系数										
	软化系数										
	孔隙度(%)										
	渗透系数(cm/s)										
天然状态	颗粒密度(g/cm^3)										
	干密度(g/cm^3)										
	湿密度(g/cm^3)										
	吸水率(%)										
	饱水率(%)										
	饱水系数										
	软化系数										
	孔隙度(%)										
	渗透系数(cm/s)										
填表人											
填表时间											

附表 7　机(民)井调查表

统一编号		野外编号	
井名		地理位置	
坐标		井口高程(m)	
井的特征			
井的类型		建井年限	
井口直径(m)		井底直径(m)	
井深(m)		井壁结构	
井与地表水的距离(m)		井与地表污水坑的距离(m)	
水位埋深(m)		开采方式	
出水量(m^3/h)		主要用途	
井水特征			
气温(℃)		水温(℃)	
味		嗅	
颜色		浊度	
透明度		pH	
取样情况			
调查点剖面图		调查点平面位置示意图(1∶500～1∶1 000)	
试样编号		照片编号	
调查人		调查时间	
填表人		填表时间	

附表 8　泉点调查表

<table>
<tr><td>统一编号</td><td colspan="2"></td><td>野外编号</td><td></td></tr>
<tr><td>泉点名称</td><td colspan="2"></td><td>地理位置</td><td></td></tr>
<tr><td>泉点类型</td><td colspan="2"></td><td>坐标</td><td></td></tr>
<tr><td>泉水用途</td><td colspan="2"></td><td>补给来源</td><td></td></tr>
<tr><td rowspan="2">流量</td><td>测定方法</td><td></td><td rowspan="2">动态变化</td><td rowspan="2"></td></tr>
<tr><td>涌水量(L/s)</td><td></td></tr>
<tr><td colspan="5">泉水物理性质</td></tr>
<tr><td>气温(℃)</td><td colspan="2"></td><td>水温(℃)</td><td></td></tr>
<tr><td>味</td><td colspan="2"></td><td>嗅</td><td></td></tr>
<tr><td>颜色</td><td colspan="2"></td><td>浊度</td><td></td></tr>
<tr><td>透明度</td><td colspan="2"></td><td>pH</td><td></td></tr>
<tr><td>取样情况</td><td colspan="4"></td></tr>
<tr><td colspan="5">泉水发育的地质环境条件：</td></tr>
<tr><td colspan="3">调查点泉水成因地质剖面图</td><td colspan="2">调查点平面位置示意图(1∶500～1∶1 000)</td></tr>
<tr><td colspan="3"></td><td colspan="2"></td></tr>
<tr><td>试样编号</td><td colspan="2"></td><td>照片编号</td><td></td></tr>
<tr><td>调查人</td><td colspan="2"></td><td>调查时间</td><td></td></tr>
<tr><td>填表人</td><td colspan="2"></td><td>填表时间</td><td></td></tr>
</table>

附表9　岩溶水点综合调查表

<table>
<tr><td colspan="2">统一编号</td><td colspan="2"></td><td>野外编号</td><td></td></tr>
<tr><td colspan="2">岩溶水点名称</td><td colspan="2"></td><td>地理位置</td><td></td></tr>
<tr><td colspan="2">岩溶水用途</td><td colspan="2"></td><td>坐标</td><td></td></tr>
<tr><td rowspan="4">水体特征</td><td>气温(℃)</td><td colspan="2"></td><td>水温(℃)</td><td></td></tr>
<tr><td>味</td><td colspan="2"></td><td>嗅</td><td></td></tr>
<tr><td>颜色</td><td colspan="2"></td><td>浊度</td><td></td></tr>
<tr><td>透明度</td><td colspan="2"></td><td>pH</td><td></td></tr>
<tr><td colspan="2">取样情况</td><td colspan="4"></td></tr>
<tr><td rowspan="5">岩溶特征</td><td>岩性</td><td colspan="2"></td><td>溶洞直径(m)</td><td></td></tr>
<tr><td>溶蚀类型</td><td colspan="2"></td><td>水位(m)</td><td></td></tr>
<tr><td>暗河流量(m^3/h)</td><td colspan="2"></td><td>动态变化规律</td><td></td></tr>
<tr><td colspan="2">与地表水的联系</td><td colspan="3"></td></tr>
<tr><td colspan="2">岩溶地质环境问题</td><td colspan="3"></td></tr>
<tr><td colspan="4">调查点剖面图</td><td colspan="2">调查点平面位置示意图(1∶500～1∶1 000)</td></tr>
<tr><td colspan="4"></td><td colspan="2"></td></tr>
<tr><td colspan="2">试样编号</td><td colspan="2"></td><td>照片编号</td><td></td></tr>
<tr><td colspan="2">调查人</td><td colspan="2"></td><td>调查时间</td><td></td></tr>
<tr><td colspan="2">填表人</td><td colspan="2"></td><td>填表时间</td><td></td></tr>
</table>

附表 10　水土流失(土壤侵蚀)调查表

统一编号		野外编号	
地理位置		坐标	
小流域名称		流域总面积(km^2)	

小流域水土流失情况				
水土流失面积(km^2)	本水文站控制面积(km^2)	水土流失面积占总面积比例(%)	年侵蚀量(10^4 t)	平均侵蚀模数(10^4 t/km^2.a)

水土流失区地质环境条件：

有关部门小流域水土流失调查成果：

土壤侵蚀类型及强度特征：

水土流失成因：

水土流失危害：

水土流失发展趋势：

水土保持措施与效果及建议：

试样编号		照片编号	
调查人		调查时间	
填表人		填表时间	

附表 11　崩塌(危岩体)调查表

崩塌情况：□崩塌　　□潜在崩塌(危岩体)

名称				地理位置	乡(镇)　村　　自然村/组			
野外编号		斜坡类型	□自然岩质 □人工岩质 □人工土质 □自然土质		坐标	X: Y: 经度：°　′　″ 纬度：°　′　″	标高(m)	坡顶 坡脚
统一编号								
崩塌类型	□倾倒式　□滑移式　□彭胀式　□拉裂式　□错断式				崩塌发生时间	年　月　日		

崩塌环境		地层岩性			地质构造		微地貌	地下水类型
地质环境		时代	岩性	产状	构造部位	地震烈度	□陡崖　□陡坡 □缓坡　□平台	□孔隙水 □裂隙水 □岩溶水
				∠				

地理环境	降雨量(m)			水文			植被
	年约	最大降雨量		丰水位(m)	枯水位(m)	斜坡与河流位置	□水田　□森林 □毛竹　□灌木 □茶果林　□草地 □瓜菜地　□其他
		日	时			□左岸　□右岸 □凹岸　□凸岸	

岩体特征	坡高(m)	坡长(m)	坡宽(m)	规模(m^3)	规模等级	坡度(°)	坡向(°)
					□巨型　□大型　□中型　□小型		

结构特征 — 岩质：

岩体结构				斜坡结构类型	
结构类型	厚度	裂隙组数	块度(m) (长×宽×高)		
□整体状 □块状 □层状 □块裂 □碎裂 □散体				□变质岩斜坡 □土质斜坡 □碎屑岩斜坡 □碳酸盐岩斜坡 □结晶岩斜坡	□特殊结构斜坡 □顺向斜坡 □斜向斜坡 □反向斜坡 □平缓层斜坡 □横向斜坡

控制面结构				全风化带深度(m)	卸荷裂缝深度(m)
类型	产状	长度(m)	间距(m)		
□节理裂隙面　□构造错动带 □断层　□老滑面　□层内错动带 □覆盖层与基岩接触面 □片理或劈理面　□层理面	∠				
	∠				
	∠				
	∠				

结构特征 — 土质：

土的名称及特征			下伏基岩特征			
名称	密实度	稠度	时代	岩性	产状	埋深(m)
	□密　□中　□稍　□松				∠	

地下水	埋深（m）	露头	补给类型
		□上升泉 □下降泉 □湿地	□降雨 □地表水 □融雪 □人工

现今变形破坏迹象	名称	部位	特征	初现时间
	□拉张裂缝 □剪切裂缝 □地面隆起 □地面沉降 □剥、坠落 □树木歪斜 □建筑变形 □冒渗混水			年　月　日
				年　月　日
				年　月　日
				年　月　日
				年　月　日
				年　月　日
				年　月　日

可能失稳因素	□降雨　□地震　□人工加载　□开挖坡脚　□坡脚冲刷　□坡脚浸润　□坡体切割 □风化　□卸荷　□爆破振动

续附表 11

<table>
<tr><td colspan="2">目前稳定程度</td><td colspan="5">□稳定性好　□稳定性较差
□稳定性差</td><td>今后变化趋势</td><td colspan="3">□稳定性好　□稳定性较差
□稳定性差</td></tr>
<tr><td rowspan="4">堆积体特征</td><td>长度(m)</td><td>宽度(m)</td><td>厚度(m)</td><td>体积(m³)</td><td>坡度(°)</td><td>坡向(°)</td><td colspan="2">坡面形态</td><td colspan="2">稳定性</td></tr>
<tr><td></td><td></td><td></td><td></td><td></td><td></td><td colspan="2">□凸　□凹
□直　□阶</td><td colspan="2">□稳定性好
□稳定性较差
□稳定性差</td></tr>
<tr><td>可能失稳因素</td><td colspan="9">□降雨　□地震　□人工加载　□开挖坡脚　□坡脚冲刷　□坡脚浸润
□坡体切割　□风化　□卸荷　□爆破振动</td></tr>
<tr><td>目前稳定状态</td><td colspan="4">□好　□较差　□差</td><td colspan="2">今后变化趋势</td><td colspan="3">□好　□较差　□差</td></tr>
<tr><td rowspan="2" colspan="2">已造成危害</td><td>死亡人口(人)</td><td>损坏房屋</td><td>毁路(m)</td><td>毁渠(m)</td><td>其他危害</td><td>直接经济损失(万元)</td><td colspan="3">灾情等级</td></tr>
<tr><td></td><td></td><td></td><td></td><td></td><td></td><td colspan="3">□特大型　□大型
□中型　□小型</td></tr>
<tr><td colspan="2">潜在危害</td><td>威胁人口(人)</td><td></td><td colspan="2">威胁财产(万元)</td><td></td><td>险情等级</td><td colspan="3">□特大型　□大型
□中型　□小型</td></tr>
<tr><td colspan="2">监测建议</td><td colspan="9">□定期目视检查　□安装简易监测设施　□地面位移监测</td></tr>
<tr><td colspan="2">防治建议</td><td colspan="5">□群测群防　□专业监测　□搬迁避让　□工程治理</td><td>多媒体</td><td>隐患点</td><td colspan="2">□是　□否</td></tr>
<tr><td rowspan="2">崩塌（危岩体）示意图</td><td colspan="10">平面图：</td></tr>
<tr><td colspan="10">剖面图：</td></tr>
<tr><td colspan="2">试样编号</td><td colspan="4"></td><td colspan="2">照片编号</td><td colspan="3"></td></tr>
<tr><td colspan="2">调查人</td><td colspan="4"></td><td colspan="2">调查时间</td><td colspan="3"></td></tr>
<tr><td colspan="2">填表人</td><td colspan="4"></td><td colspan="2">填表时间</td><td colspan="3"></td></tr>
</table>

附表 12 滑坡调查表

崩塌情况:□滑坡 □潜在滑坡

名称				地理位置	乡(镇) 村 自然村(组)				
统一编号		野外编号			坐标(m)	X: Y:	标高(m)	冠	
滑坡年代		发生时间:						趾	
□古滑坡 □老滑坡 □现代滑坡		年 月 日 时 分			经度: ° ′ ″ 纬度: ° ′ ″				

滑坡类型	□推移式滑坡 □牵引式滑坡	滑体性质	□岩质 □碎块石 □土质

滑坡环境								
地质环境	地层岩性			地质构造		微地貌	地下水类型	
	时代	岩性	产状	构造部位	地震烈度	□陡崖 □陡坡 □缓坡 □平台	□孔隙水 □潜水 □裂隙水 □承压水 □岩溶水 □上层滞水	
			∠					
自然地理环境	降水量(mm)			水文				
	年均	日最大	时最大	洪水位(m)	枯水位(m)	滑坡相对河流位置		
						□左岸 □右岸 □凹岸 □凸岸		

原始斜坡	坡高(m)	坡度(°)	坡形	斜坡结构类型		控滑结构面 类型	产状
			□凸形 □凹形 □平直 □阶状	□变质岩斜坡 □土质斜坡 □碎屑岩斜坡 □碳酸盐岩斜坡 □结晶岩斜坡	□特殊结构斜坡 □顺向斜坡 □斜向斜坡 □反向斜坡 □平缓层斜坡 □横向斜坡	□节理裂隙面 □构造错动带 □断层 □老滑面 □层内错动带 □覆盖层与基岩接触面 □片理或劈理面 □层理面	∠ ∠ ∠ ∠ ∠ ∠ ∠

滑坡基本特征

外形特征	长度(m)	宽度(m)	厚度(m)	面积(m^2)	体积(m^3)	规模等级	坡度(°)	坡向(°)
						□巨型 □大型 □中型 □小型		
	平面形态				剖面形态			
	□半圆 □矩形 □舌形 □不规则				□凸形 □凹形 □直线 □阶梯 □复合			

结构特征	滑体特征				滑床特征		
	岩性	结构	碎石含量(%)	块度(cm)	岩性	时代	产状
		□可辨层次 □零乱	(体积百分比)	□<5 □5～10 □10～50 □>50			∠
	滑面及滑带特征						
	形态	埋深(m)	倾向(°)	倾角(°)	厚度(m)	滑带土名称	滑带土性状
	□线性 □弧形 □阶形 □起伏					□黏土 □粉质黏土 □含砾黏土	

地下水	埋深(m)	露头	补给类型
		□上升泉 □下降泉 □湿地	□降雨 □地表水 □人工 □融雪

植被: □水田 □原始生态林 □毛竹 □灌木 □茶果林 □草地 □瓜菜地 □其他____

现今变形迹象	名称	部位	特征	初现时间
	□渗冒浑水 □剪切裂缝 □树木歪斜 □拉张裂缝 □建筑变形			年 月 日
				年 月 日
				年 月 日
				年 月 日

续附表 12

<table>
<tr><td rowspan="6">影响因素</td><td>地质因素</td><td colspan="7">□节理极度发育　□结构面走向与坡面平行　□结构面倾角小于坡角　□软弱基座
□透水层下伏隔水层　□土体/基岩接触　□破碎风化岩/基岩接触　□强/弱风化层界面</td></tr>
<tr><td>地貌因素</td><td colspan="7">□斜坡陡峭　□坡脚遭侵蚀　□超载堆积</td></tr>
<tr><td>物理因素</td><td colspan="7">□风化　□融冻　□胀缩　□累进性破坏造成的抗剪强度降低
□洪水冲蚀　□水位陡降陡落　□地震　□孔隙水压力高</td></tr>
<tr><td>人为因素</td><td colspan="7">□削坡过陡　□坡脚开挖　□坡后加载　□蓄水位降落
□植被破坏　□坡体切割　□渠塘渗漏　□灌溉渗漏</td></tr>
<tr><td>主导因素</td><td colspan="7">□暴雨　□地震　□工程活动</td></tr>
<tr><td>复活引发因素</td><td colspan="7">□降雨　□地震　□人工加载　□开挖坡脚　□坡脚浸润　□坡脚冲刷
□坡体切割　□风化　□卸荷　□动水压力　□爆破振动</td></tr>
<tr><td rowspan="4">稳定性分析</td><td rowspan="2">目前稳定状况</td><td rowspan="2">□稳定性好
□稳定性较差
□稳定性差</td><td rowspan="2">已造成危害</td><td>毁坏房屋（间）</td><td>死亡人口（人）</td><td>直接损失（万元）</td><td>灾情等级</td></tr>
<tr><td></td><td></td><td></td><td>□特大型　□大型
□中型　□小型</td></tr>
<tr><td rowspan="2">发展趋势分析</td><td rowspan="2">□稳定性好
□稳定性较差
□稳定性差</td><td rowspan="2">潜在威胁</td><td>威胁户数</td><td>威胁人口（人）</td><td>威胁资产（万元）</td><td>险情等级</td></tr>
<tr><td></td><td></td><td></td><td>□特大型　□大型
□中型　□小型</td></tr>
<tr><td colspan="2">监测建议</td><td colspan="6">□定期目视检查　□安装简易监测设施　□地面位移监测　□深部位移监测</td></tr>
<tr><td colspan="2">防治建议</td><td colspan="4">□群测群防　□专业监测　□搬迁避让　□工程治理</td><td>隐患点</td><td>□是　□否</td></tr>
<tr><td rowspan="2">滑坡示意图</td><td colspan="7">平面图</td></tr>
<tr><td colspan="7">剖面图</td></tr>
<tr><td colspan="2">试样编号</td><td colspan="2"></td><td colspan="2">照片编号</td><td colspan="2"></td></tr>
<tr><td colspan="2">调查人</td><td colspan="2"></td><td colspan="2">调查时间</td><td colspan="2"></td></tr>
<tr><td colspan="2">填表人</td><td colspan="2"></td><td colspan="2">填表时间</td><td colspan="2"></td></tr>
</table>

附表 13　城建工程环境地质调查表

<table>
<tr><td>统一编号</td><td></td><td>野外编号</td><td></td></tr>
<tr><td>地理位置</td><td></td><td>坐 标</td><td></td></tr>
<tr><td>工程名称</td><td></td><td>工程级别</td><td></td></tr>
<tr><td>建筑高度</td><td></td><td>建筑面积</td><td></td></tr>
<tr><td>地基类型</td><td></td><td>基础类型</td><td></td></tr>
<tr><td>设防烈度</td><td></td><td>建设日期</td><td></td></tr>
<tr><td colspan="4">工程建设区地质环境条件和工程概况：</td></tr>
<tr><td colspan="4">影响工程建设的主要地质环境问题：</td></tr>
<tr><td colspan="4">工程建设对周围环境的影响或危害：</td></tr>
<tr><td colspan="4">主要地质环境问题的防治与效果及防治建议：</td></tr>
<tr><td colspan="4">工程平、剖面图：</td></tr>
<tr><td>试样编号</td><td></td><td>照片编号</td><td></td></tr>
<tr><td>调查人</td><td></td><td>调查时间</td><td></td></tr>
<tr><td>填表人</td><td></td><td>填表时间</td><td></td></tr>
</table>

附表 14　矿山工程环境地质调查表

<table>
<tr><td colspan="2">统一编号</td><td colspan="2"></td><td colspan="2">野外编号</td><td colspan="2"></td></tr>
<tr><td colspan="2">地理位置</td><td colspan="2"></td><td colspan="2">坐标</td><td colspan="2"></td></tr>
<tr><td colspan="2">企业名称</td><td colspan="2"></td><td colspan="2">矿山名称</td><td colspan="2"></td></tr>
<tr><td colspan="2">开采矿种</td><td colspan="2"></td><td colspan="2">矿山规模</td><td colspan="2"></td></tr>
<tr><td colspan="8">矿山开采基本情况：</td></tr>
<tr><td colspan="8">矿山地区地质环境条件：</td></tr>
<tr><td rowspan="8">废弃物排放与处理情况</td><td rowspan="3">废水
（万 t）</td><td>年排放量</td><td>年达标排放量</td><td>年达标排放达标率（%）</td><td>年处理量</td><td>年处理率（%）</td><td>年利用率（%）</td></tr>
<tr><td></td><td></td><td></td><td></td><td></td><td></td></tr>
<tr><td colspan="6">主要污染物及污染情况：</td></tr>
<tr><td rowspan="5">固体废弃物
（万 t）</td><td>累计堆放量</td><td>年生产量</td><td>年利用量</td><td>年处置量</td><td>年贮存量</td><td>年排放量</td></tr>
<tr><td></td><td></td><td></td><td></td><td></td><td></td></tr>
<tr><td colspan="3">累计占地面积（m²）</td><td colspan="3"></td></tr>
<tr><td colspan="6">主要污染物及污染情况：</td></tr>
</table>

续附表 14

<table>
<tr><td colspan="4">主要地质环境问题与地质灾害及基本特征：</td></tr>
<tr><td colspan="4">主要地质环境问题与地质灾害的危害及影响：</td></tr>
<tr><td colspan="4">塌陷区和废渣场土地复垦情况：</td></tr>
<tr><td colspan="4">主要地质环境问题与地质灾害的防治现状、效果及防治建议：</td></tr>
<tr><td colspan="4">平、剖面图：</td></tr>
<tr><td>试样编号</td><td></td><td>照片编号</td><td></td></tr>
<tr><td>调查人</td><td></td><td>调查时间</td><td></td></tr>
<tr><td>填表人</td><td></td><td>填表时间</td><td></td></tr>
</table>

附表 15　水利工程环境地质调查表

统一编号		野外编号	
地理位置		坐标	
工程名称		工程规模	
工程运行时间		设防烈度	
工程建设概况：			
工程建设区地质环境条件：			
影响工程建设的主要地质环境问题：			
工程建设与运行对周围环境的影响或危害：			
地质环境问题的防治与效果及建议：			
平、剖面图：			
试样编号		照片编号	
调查人		调查时间	
填表人		填表时间	

附表 16　试坑渗水观测记录表

<table>
<tr><td colspan="3">统一编号</td><td colspan="5"></td><td colspan="1">野外编号</td><td colspan="2"></td></tr>
<tr><td colspan="3">地理位置</td><td colspan="5"></td><td colspan="1">坐标</td><td colspan="2"></td></tr>
<tr><td colspan="3">试坑所处岩性</td><td colspan="8"></td></tr>
<tr><td colspan="4">试坑直径(cm)</td><td colspan="4">试坑深度(cm)</td><td colspan="3">试坑底面积(cm²)</td></tr>
<tr><td colspan="4"></td><td colspan="4"></td><td colspan="3"></td></tr>
<tr><td colspan="4">渗透深度(cm)</td><td colspan="4">水层厚度(cm)</td><td colspan="3">毛细高度(cm)</td></tr>
<tr><td colspan="4"></td><td colspan="4"></td><td colspan="3"></td></tr>
<tr><td colspan="3" rowspan="2">时间</td><td rowspan="3">延续时间(min)</td><td rowspan="3">供水桶(cm)</td><td rowspan="3">读数差(cm)</td><td rowspan="3">流水体积(cm³)</td><td rowspan="3">流量(cm³/min)</td><td rowspan="3">渗透速度(cm/min)</td><td colspan="2">稳定流量(m³/d)：</td></tr>
<tr><td colspan="2">渗透系数(m³/d)：</td></tr>
<tr><td>日</td><td>时</td><td>分</td><td colspan="2">累计延续时间(min)：</td></tr>
<tr><td></td><td></td><td></td><td></td><td></td><td></td><td></td><td></td><td></td><td colspan="2" rowspan="8">水文地质条件描述：</td></tr>
<tr><td></td><td></td><td></td><td></td><td></td><td></td><td></td><td></td><td></td></tr>
<tr><td></td><td></td><td></td><td></td><td></td><td></td><td></td><td></td><td></td></tr>
<tr><td></td><td></td><td></td><td></td><td></td><td></td><td></td><td></td><td></td></tr>
<tr><td></td><td></td><td></td><td></td><td></td><td></td><td></td><td></td><td></td></tr>
<tr><td></td><td></td><td></td><td></td><td></td><td></td><td></td><td></td><td></td></tr>
<tr><td></td><td></td><td></td><td></td><td></td><td></td><td></td><td></td><td></td></tr>
<tr><td></td><td></td><td></td><td></td><td></td><td></td><td></td><td></td><td></td></tr>
<tr><td></td><td></td><td></td><td></td><td></td><td></td><td></td><td></td><td></td><td colspan="2" rowspan="8">试坑平面位置示意图(1∶500～1∶1 000)：</td></tr>
<tr><td></td><td></td><td></td><td></td><td></td><td></td><td></td><td></td><td></td></tr>
<tr><td></td><td></td><td></td><td></td><td></td><td></td><td></td><td></td><td></td></tr>
<tr><td></td><td></td><td></td><td></td><td></td><td></td><td></td><td></td><td></td></tr>
<tr><td></td><td></td><td></td><td></td><td></td><td></td><td></td><td></td><td></td></tr>
<tr><td></td><td></td><td></td><td></td><td></td><td></td><td></td><td></td><td></td></tr>
<tr><td></td><td></td><td></td><td></td><td></td><td></td><td></td><td></td><td></td></tr>
<tr><td></td><td></td><td></td><td></td><td></td><td></td><td></td><td></td><td></td></tr>
<tr><td colspan="3">试样编号</td><td colspan="6"></td><td>照片编号</td><td></td></tr>
<tr><td colspan="3">测试人</td><td colspan="6"></td><td>测试时间</td><td></td></tr>
<tr><td colspan="3">填表人</td><td colspan="6"></td><td>填表时间</td><td></td></tr>
</table>

附表 17　水质分析综合成果表(常规分析)

样品点编号		样品点野外编号		室内编号	
采样日期	年　月　日		分析日期	年　月　日	
水温(℃)		色度		嗅	
浑浊度		肉眼可见物		味	
水质分析项目					
项目	含量	项目	含量	项目	含量
总硬度($CaCO_3$)	mg/L	永久硬度($CaCO_3$)	mg/L	暂时硬度($CaCO_3$)	mg/L
负硬度($CaCO_3$)	mg/L	总酸度($CaCO_3$)	mg/L	总碱度($CaCO_3$)	mg/L
溶解性总固体	mg/L	游离 CO_2	mg/L	pH 值	mg/L
K^+	mg/L	偏硅酸	mg/L	Sr	mg/L
Na^+	mg/L	有机磷	mg/L	Ba	mg/L
Ca^{2+}	mg/L	有机氮	mg/L	U	mg/L
Mg^{2+}	mg/L	苯类	mg/L	Ra	mg/L
NH_4^+	mg/L	烃类	mg/L	Th	mg/L
Fe^{2+}	mg/L	氰化物	mg/L	B	mg/L
Fe^{3+}	mg/L	挥发酚	mg/L	Se	mg/L
Cr^{6+}	mg/L	Cu	mg/L	Mo	mg/L
Cl^-	mg/L	Pb	mg/L	As	mg/L
SO_4^{2-}	mg/L	Zn	mg/L	Rb	mg/L
HCO_3^-	mg/L	Cd	mg/L	Cs	mg/L
CO_3^{2-}	mg/L	Mn	mg/L	Li	mg/L
NO_3^-	mg/L	Ni	mg/L	总矿化度	mg/L
NO_2^-	mg/L	Co	mg/L	COD	mg/L
F^-	mg/L	总 Cr	mg/L	TDS	mg/L
PO_4^{3-}	mg/L	V	mg/L	BOD	mg/L
Br^-	mg/L	W	mg/L	菌落总数	cfu/mL
I^-	mg/L	Hg	mg/L	大肠菌数	个/100L
测试人			校对人		
记录人			记录时间		

图版及其说明

图版 I

泗溪黄陵花岗岩体(γ_2^{2-2})

泗溪莲沱组（Nh_1l）
紫红色砂岩

泗溪南沱组（Nh_2n）
冰碛泥岩

图版 II

兰陵溪崆岭群（Ar*K*）
斜长片麻岩

兰陵溪黄陵花岗岩体(γ_2^{2-2})
侵入崆岭群(Ar*K*)地层

九曲垴陡山沱组（Z_1d）地层
与南沱组(Nh_2n)地层平行不
整合接触

九曲垴灯影组（Z_2dy）地层与陡山沱组（Z_1d）地层平行不整合接触

横墩岩水井沱组（$\in_1s$）黑色薄层含炭质细晶灰岩与薄层炭质页岩互层

横墩岩水井沱组（$\in_1s$）地层中的巨大结核（飞碟石）

图版Ⅳ

1

茶坡园石牌组($\in_{1}sh$)
灰褐色薄层砂岩夹页岩、
条带状泥灰岩

2

茶坡园天河板组($\in_{1}t$)地层与
石牌组($\in_{1}sh$)地层整合接触

3

茶坡园石龙洞组($\in_{1}sl$)
核形石灰岩

图版V

茶坡园石龙洞组($\in_{1}sl$)地层与天河板组($\in_{1}t$)地层整合接触

棕岩头覃家庙组($\in_{2}q$)地层与石龙洞组($\in_{1}sl$)地层整合接触

台上坪三游洞组($\in_{3}s$)地层与覃家庙组($\in_{2}q$)地层整合接触

图版Ⅵ

1

鲤鱼潭奥陶系（O）
生物碎屑灰岩

2

鲤鱼潭奥陶系（O）
瘤状灰岩

3

马岭包大冶组(T_1d)地层
与长兴组(P_2c)地层整合
接触

1

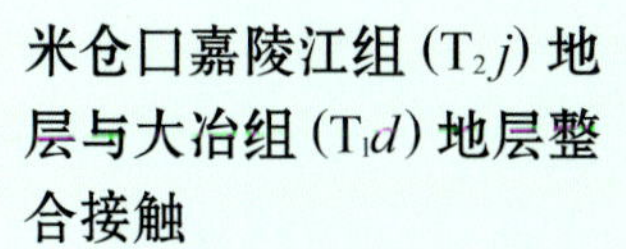

米仓口嘉陵江组(T_2j)地层与大冶组(T_1d)地层整合接触

2

米仓口巴东组(T_2b)紫红色泥岩

3

米仓口沙镇溪组(T_3s)厚层砂岩

图版Ⅷ

1

米仓口香溪组(J_1x)黑色厚层底砾岩

2

风茅公路 7.5km 处发育的小型褶皱

3

风茅公路 8.0km 处发育的小型断层

风茅公路8.2km处发育的劈理构造

风茅公路8.2km处发育的豆荚状褶皱

九畹溪隧道口发育的东西向开阔背斜

图版 X

九畹溪沟口发育的平卧褶皱

周坪仙女山断裂破碎带中发育的构造角砾岩

周坪仙女山断裂破碎带中发育的构造透镜体

图版XI

1

客运码头对面民房后黄陵花岗岩体(γ_2^{2-2})发育的风化壳

2

茅坪河(向王洞大桥–过河口村段)发育的一级堆积阶地

3

茅坪河(向王洞大桥–过河口村段)发育的冲积物

4

茅坪河(向王洞大桥–过河口村段)发育的洪积物

图版XII

1

步行街民井

2

凤凰山泉

3

鱼泉洞

4

迷宫泉

五叠水瀑布

图版XIV

邵家湾水库

抢洪蓄水

汇集雨水

1

微润灌溉

2

茅坪镇陈家坝村生物慢滤分户池

图版XVI

1

长岭水厂

2

张家冲小流域水土保持标准试验小区

3

和尚洞洞口

和尚洞洞壁上发育的石钟乳

和尚洞洞底的崩积物

和尚洞洞底的冲洪积物

图版 XVIII

棺材山危岩体

棺材山危岩体
的防治工程

链子崖

1 新滩滑坡

2 金缸城卫生垃圾填埋场

3 月亮包金矿开采过程中产生的废弃矿石

图版 IIX

1 月亮包金矿尾矿库

2 三峡大坝

3 茅坪溪防护坝